COMPUTATION OF DISSOLVED GAS CONCENTRATIONS IN WATER AS FUNCTIONS OF TEMPERATURE, SALINITY, AND PRESSURE

$- P_{H_2O})/(760 - P_{H_2O}) \qquad mg/L = (K_i)(mL/L) \qquad \log_{10}BP = \log_{10}$
$\Delta P = (C_{O_2}/\beta_{O_2}) + b(C_{N_2}/\beta_{N_2}) + c(C_{Ar}/\beta_{Ar}) + d(C_{CO_2}/\beta_{CO_2}) + P_{H_2O} -$
$X_{Ar})/(X_{N_2} + X_{Ar}) \qquad \log_e K_o = A_1 + A_2(100/T) + A_3\log_e(T/100) +$

$- P_{H_2O})/(760 - P_{H_2O}) \qquad mg/L = (K_i)(mL/L) \qquad \log_{10}BP = \log_{10}$
$\Delta P = (C_{O_2}/\beta_{O_2}) + b(C_{N_2}/\beta_{N_2}) + c(C_{Ar}/\beta_{Ar}) + d(C_{CO_2}/\beta_{CO_2}) + P_{H_2O} -$
$X_{Ar})/(X_{N_2} + X_{Ar}) \qquad \log_e K_o = A_1 + A_2(100/T) + A_3\log_e(T/100) +$

$- P_{H_2O})/(760 - P_{H_2O}) \qquad mg/L = (K_i)(mL/L) \qquad \log_{10}BP = \log_{10}$
$\Delta P = (C_{O_2}/\beta_{O_2}) + b(C_{N_2}/\beta_{N_2}) + c(C_{Ar}/\beta_{Ar}) + d(C_{CO_2}/\beta_{CO_2}) + P_{H_2O} -$
$X_{Ar})/(X_{N_2} + X_{Ar}) \qquad \log_e K_o = A_1 + A_2(100/T) + A_3\log_e(T/100) +$

$- P_{H_2O})/(760 - P_{H_2O}) \qquad mg/L = (K_i)(mL/L) \qquad \log_{10}BP = \log_{10}$
$\Delta P = (C_{O_2}/\beta_{O_2}) + b(C_{N_2}/\beta_{N_2}) + c(C_{Ar}/\beta_{Ar}) + d(C_{CO_2}/\beta_{CO_2}) + P_{H_2O} -$
$X_{Ar})/(X_{N_2} + X_{Ar}) \qquad \log_e K_o = A_1 + A_2(100/T) + A_3\log_e(T/100) +$

American Fisheries Society
Special Publication No. 14

Definition of Key Symbols Used in the Text

A_i	$760/1000 K_i$, for the ith gas
atm	Standard atmospheric pressure, 760 mm Hg
C_i	Equilibrium concentration for i^{th} gas, mg/L or mL/L
C_i^*	Air-solubility concentration for i^{th} gas, mg/L or mL/L
F_i	Conversion factor between gas tension and mg/L for the ith gas: gas tension (mm Hg) = (F_i) (mg/L)
K_i	Molecular weight/molecular volume of ith gas
P	Pressure, mm Hg
$P_{hydrostatic}$	Hydrostatic pressure, due to weight of water column
P_{H_2O}	Vapor pressure of water, mm Hg
P_i	Partial pressure of the ith gas
P_t	Total pressure at depth Z, sum of barometric pressure and hydrostatic pressure
STP	Standard temperature and pressure, pressure = 760 mm Hg and temperature = 0 C
TGP	Total gas pressure, sum of partial pressures of gases in liquid + vapor pressure of water, mm Hg
TGP %	Total gas pressure expressed as percent of local barometric pressure
TGP_{uncomp}	Uncompensated total gas pressure, total gas pressure that aquatic animals experience at depth Z
X	Mole fraction, equal to % composition/100
β_i	Bunsen coefficient of the ith gas, L/(L·atm)
ΔP	Difference in pressure between total gas pressure and local barometric pressure
ΔP_i	Difference in partial pressure between water and air for the ith gas
ΔP_{uncomp}	Uncompensated ΔP, ΔP that aquatic animals experience at depth Z

AMERICAN FISHERIES SOCIETY SPECIAL PUBLICATION 14

COMPUTATION OF DISSOLVED GAS CONCENTRATIONS IN WATER
AS FUNCTIONS OF TEMPERATURE, SALINITY, AND PRESSURE

John Colt

The Fish Factory
P.O. Box 5000
Davis, California 95617

Bethesda, Maryland 1984

American Fisheries Society Special Publications are registered as a serial with the National Serials Data Program, Library of Congress, Washington, D.C. A suggested citation format for this book is

Colt, J. 1984. Computation of dissolved gas concentrations in water as functions of temperature, salinity, and pressure. American Fisheries Society Special Publication 14.

Copyright 1984 by the American Fisheries Society

Library of Congress Catalog Number: 83-72886

ISSN 0097-0638

ISBN 0-913235-02-4

Address all orders to

American Fisheries Society
5410 Grosvenor Lane, Suite 110
Bethesda, Maryland 21044
USA

CONTENTS

	Page
INDEX TO TABLES	iv
ACKNOWLEDGMENTS	vi
INTRODUCTION	1
PART 1: SOLUBILITY OF GASES IN FRESH WATER	2
Computation of the Air-Solubility Value, C^*, in mg/L	3
Computation of the Air-Solubility Value, C^*, in mL/L	12
Computation of Bunsen Coefficients	18
Compuation of Gas Tension, mm Hg	27
Computation of Gas Solubility as a Function of Barometric Pressure	34
Computation of Gas Solubility as a Function of Elevation	37
Computation of Gas Solubility as a Function of Water Depth	44
PART 2: SOLUBILITY OF GASES IN BRACKISH AND MARINE WATERS	48
PART 3: SUPERSATURATION OF GASES	66
Effect of Heating Water	66
Effect of Mixing Waters of Different Temperature	71
Bubble Entrainment	76
Computation and Reporting of Gas Supersaturation	78
Computation of Standard Gas Supersaturation Parameters from Concentration Units	90
Conversion of Older Reported Data	102
Effect of Depth	104
REFERENCES	110
APPENDIX A: COMPUTATION OF β and C^* values	112
APPENDIX B: PROGRAMS FOR HAND-HELD CALCULATORS	117
APPENDIX C: PHYSICAL PROPERTIES OF WATER	149

INDEX TO TABLES

	Table	Page

Solubility of Gases, in mg/L, as Functions of
Temperature

Oxygen	1	7
Nitrogen	2	8
Argon	3	9
Carbon dioxide	4	10

Temperature and Barometric Pressure

Oxygen	19	35
Solubility Factor	20	36

Temperature and Salinity

Oxygen, 0-40 ppt salinity	27	49
33-37 ppt salinity	28	50
Nitrogen, 0-40 ppt salinity	29	51
33-37 ppt salinity	30	52
Argon, 0-40 ppt salinity	31	53
33-37 ppt salinity	32	54
Carbon dioxide, 0-40 ppt salinity	33	55
33-37 ppt salinity	34	56

Elevation

Oxygen, 0-1800 m	21	40
2000-3800 m	22	41
0-4500 ft	23	42
5000-9500 ft	24	43
Depth	26	47

Solubility of Gases, in mL/L, as a Function of
Temperature

Oxygen	6	14
Nitrogen	7	15
Argon	8	16
Carbon dioxide	9	17

Bunsen Coefficients, β, as Functions of
Temperature

Oxygen	10	23
Nitrogen	11	24
Argon	12	25
Nitrogen + Argon	49	93
Carbon dioxide	13	26

INDEX TO TABLES

	Table	Page
Temperature and Salinity		
Oxygen, 0-40 ppt salinity	35	57
33-37 ppt salinity	36	58
Nitrogen, 0-40 ppt salinity	37	59
33-37 ppt salinity	38	60
Argon, 0-40 ppt salinity	39	61
33-37 ppt salinity	40	62
Carbon dioxide 0-40 ppt salinity	41	63
33-37 ppt salinity	42	64
Gas Tension, as a Function of Temperature		
Oxygen	14	29
Nitrogen	15	30
Argon	16	31
Nitrogen + Argon	17	32
Carbon dioxide	18	33
Vapor Pressure, as a Function of Temperature		
Fresh water	5	11
Seawater	43	65
Total Gas Pressure, Effect of		
Heating	44	69
Mixing waters	46	74
Uncompensated Total Gas Pressure, Effect of		
Depth	51	108
ΔP, Effect of		
Heating	45	70
Mixing waters	47	75
Uncompensated ΔP, Effect of Depth	52	109
Calculator Programs		
Air Solubility as Functions of Temperature and		
Salinity	B2	141
Barometric pressure	B3	142

	Table	Page
Elevation and Salinity		
meters	B4	143
feet	B5	143
Bunsen Coefficient as Functions of Temperature and Salinity		
Oxygen	B6	144
Carbon dioxide	B7	145
Vapor Pressure of Water of Functions of Temperature and Salinity	B8	146
Reduction of Weiss Saturometer Data	B9	141
Data Storage	B1	137
Physical Properties of Water as Functions of Temperature and Salinity		
Density	C1	149
Specific weight		
kN/m^3	C2	150
mm Hg/m	25	46
Heat capacity	C3	151
Viscosity	C4	152
Kinematic viscosity	C5	153
Surface tension	C6	154

ACKNOWLEDGMENTS

I express my appreciation to Joseph Cech and Rich Stowell for their critical reviews of this report, to Kris Orwicz for help in programming, and to Dinah Pfoutz for her typing.

INTRODUCTION

Gas solubility data are required for a variety of aquacultural, fisheries, engineering, and environmental applications. The maintenance of adequate concentrations of dissolved oxygen is a major problem in the culture of aquatic animals. Low concentrations of dissolved oxygen can reduce the growth of cultured animals, increase their disease problems, and result in massive mortality. Low dissolved oxygen concentrations are also a problem in lakes, streams, or oceans due to natural and man-made causes. Under other situations, supersaturation of dissolved gases can be lethal to aquatic animals. The effects of gas supersaturation depend on the degree of supersaturation and the gas composition.

Both the measurement and control of dissolved gas concentrations depend on an accurate knowledge of equilibrium gas concentrations. It is necessary to be able to compute the equilibrium concentration as functions of temperature, salinity, pressure, and gas composition. In this book, solubilities of nitrogen, oxygen, argon, and carbon dioxide are presented for a variety of conditions. The book is divided into three sections: (1) the solubility of gases in fresh water; (2) the solubility of gases in saline waters; and (3) the computation and reporting of gas supersaturation levels.

Solubility data are presented in both equation and tabular forms. With this information, the equilibrium concentration of pure gases, air, or mixtures of gases can be computed. In most cases, interpolation should not be required. Sample problems are included in each section. Programs for the computation of dissolved gas concentrations with hand-held calculators are also presented.

PART 1: SOLUBILITY OF GASES IN FRESH WATER

The solubility of gases in this report will be developed in terms of the Bunsen coefficient, β, and the air-solubility concentration, C^*:

β = the volume of gas at STP (standard temperature and pressure; temperature = 0 C, pressure = 760 mm Hg) absorbed per unit volume of liquid at a given temperature and salinity when the partial pressure of the gas is one standard atmosphere.

C^* = the mass of gas absorbed per unit volume of liquid at a given temperature and salinity when the total pressure is one atmosphere of air.

The Bunsen coefficient can be used to compute the solubility of a gas of arbitrary composition. The air-solubility concentration, C^*, is based on the assumption that the gas involved is air (20.946 percent oxygen, 78.084 percent nitrogen, 0.934 percent argon, and 0.0320 percent carbon dioxide) and that the air is saturated with water vapor (relative humidity = 100 percent).

The regression equations used to compute β and C^* were developed by Weiss (1970, 1974) and form the basis for the dissolved oxygen tables in the International Oceanographic Tables (Postma et al. 1976) and the 15th Edition of the Standard Methods For the Examination of Water and Wastewater (Hunter 1979). The details of equations used to produce this report can be found in Appendix A. Programs for the computation of dissolved gas concentrations with hand-held calculators (Hewlett-Packard Models HP41C or HP41CV) are presented in Appendix B. Appendix C presents important physical properties of water as functions of temperature and salinity. Key symbols used in this report are defined in the inside front cover. All gas volumes are expressed at STP (0 C, 760 mm Hg). Because barometric pressure is still measured in mm Hg, this unit was used rather than the preferred metric unit of kilopascals. Units, conversions, and properties of gases are presented in the inside back cover.

The methods presented in this report are valid for pressures near atmospheric pressure where ideal gas relationships can be used. For oxygen, the error due to the use of these relationships will be less than 1% at 5 atm or approximately 40 m of water. Compared to oxygen, nitrogen, and argon, carbon dioxide is a relatively poor ideal gas (Weiss 1974). Under routine work, the uncertainty in the equilibrium concentration of carbon dioxide is not serious because biological processes produce large diel variations in the carbon dioxide concentration in natural water. In gas supersaturation work, the effect of carbon dioxide typically has been neglected because high concentrations on a mg/L basis represent small pressures. Additional information on the solubility of carbon dioxide is presented by Weiss (1974) and Weiss and Price (1980).

The maximum uncertainties in the computed parameters (Weiss 1970, 1974) are:

Gas	C*(mg/L)	β(L/L·atm)	C*(mL/L)
O_2	±0.02	±0.00007	±0.015
N_2	±0.06	±0.00006	±0.05
Ar	±0.0016	±0.00010	±0.0009
CO_2	±0.0076	±0.0120	±0.0038

In examples dealing with all four gases, the solubility data are rounded to the nearest 0.01 mg/L or mL/L. Pressures are rounded to the nearest 0.1 mm Hg.

COMPUTATION OF THE AIR-SOLUBILITY VALUE, C*, IN mg/L

The air solubilities of oxygen, nitrogen, argon, and carbon dioxide in terms of mg/L are presented at 0.1 C temperature intervals for the range of 0–40 C in Tables 1 to 4 (pages 7–10). These tables are based on the following assumptions: (1) the gas is air and contains the normal composition of air; (2) the barometric pressure is 760 mm Hg (1 standard atmosphere); and (3) the air is saturated with water vapor.

The air-solubility values for barometric pressures other than 760 mm Hg can be computed from Equation 1,

$$C^* = C^*_{760} (BP - P_{H_2O})/(760.0 - P_{H_2O}), \qquad (1)$$

where C^*_{760} = the air-solubility value for the barometric pressure equal to 760.0 mm Hg;

BP = barometric pressure in mm Hg;

P_{H_2O} = vapor pressure of water in mm Hg.

The vapor pressure of water is presented in Table 5 (page 11) at temperature intervals of 0.1 C from 0 to 40 C.

Example 1

Compute the air solubility of oxygen, nitrogen, argon, and carbon dioxide at 4.2 C and 38.9 C when the barometric pressure is 760 mm Hg.

Solution

From Tables 1–4 the following values can be found:

Gas	4.2 C	38.9 C	Source
O_2	13.03	6.52	(Table 1)
N_2	20.72	11.05	(Table 2)
Ar	0.79	0.40	(Table 3)
CO_2	0.92	0.32	(Table 4)
	35.46 mg/L	18.29 mg/L	

Example 2

What percent of the total dissolved gases at 4.2 C is (a) oxygen, (b) nitrogen + argon, and (c) carbon dioxide?

Solution

Obtain air-solubility values from the solution of Example 1.

(a) Oxygen

$$\frac{13.03}{35.46} \; 100 = \underline{36.7 \text{ percent}}$$

(b) Nitrogen + argon

$$\frac{20.72 + 0.79}{35.46} \; 100 = \underline{60.7 \text{ percent}}$$

(c) Carbon dioxide

$$\frac{0.92}{35.46} \; 100 = \underline{2.6 \text{ percent}}$$

Example 3

Compute the percent oxygen saturation if the measured oxygen concentration is 10.32 mg/L, temperature is 4.2 C, and the barometric pressure is 760 mm Hg.

Solution

Obtain air-solubility values from Table 1 or Example 1.

$$\text{Percent saturation} = \frac{10.32}{13.03} \; 100 = \underline{79.2 \text{ percent}}$$

Example 4

Compute the percent oxygen saturation if the measured oxygen concentration is 10.32 mg/L, temperature is 4.2 C, and the barometric pressure is 752.0 mm Hg.

Solution

Compute C^*_{752} from Equation 1.

C^*_{760} = 13.03 mg/L (Table 1)

P_{H_2O} = 6.19 mm Hg (Table 5)

C^*_{752} = $13.03 \dfrac{(752.0 - 6.2)}{(760.0 - 6.2)}$

C^*_{752} = 12.89 mg/L

Percent saturation = $\dfrac{10.32}{12.89}$ 100 = 80.1 percent

Example 5

Compute the air-solubility of argon in mg/L at a barometric pressure of 735.0 mm Hg and a temperature of 22.0 C.

Solution

Use Equation 1.

C^*_{Ar} = 0.5343 mg/L (Table 3)

BP = 735.0 mm Hg (given)

P_{H_2O} = 19.83 mm Hg (Table 5)

C_{Ar} = 0.5343 (735.0 - 19.8)/(760.0 - 19.8)

0.5163 mg/L

Table 1. The Solubility of Oxygen in mg/L as a Function of Temperature
(moist air, barometric pressure = 760 mm Hg, salinity = 0.0 ppt)

Temp (C)	0.0	0.1	0.2	0.3	0.4	0.5	0.6	0.7	0.8	0.9
0	14.602	14.561	14.520	14.479	14.438	14.398	14.358	14.318	14.278	14.238
1	14.198	14.159	14.120	14.081	14.042	14.004	13.965	13.927	13.889	13.851
2	13.813	13.776	13.738	13.701	13.664	13.627	13.591	13.554	13.518	13.482
3	13.445	13.410	13.374	13.338	13.303	13.268	13.233	13.198	13.163	13.128
4	13.094	13.060	13.025	12.991	12.957	12.924	12.890	12.857	12.824	12.790
5	12.757	12.725	12.692	12.659	12.627	12.595	12.563	12.531	12.499	12.467
6	12.436	12.404	12.373	12.342	12.311	12.280	12.249	12.218	12.188	12.158
7	12.127	12.097	12.067	12.037	12.008	11.978	11.949	11.919	11.890	11.861
8	11.832	11.803	11.774	11.746	11.717	11.689	11.661	11.632	11.604	11.577
9	11.549	11.521	11.493	11.466	11.439	11.412	11.384	11.357	11.331	11.304
10	11.277	11.251	11.224	11.198	11.172	11.145	11.119	11.093	11.068	11.042
11	11.016	10.991	10.965	10.940	10.915	10.890	10.865	10.840	10.815	10.791
12	10.766	10.741	10.717	10.693	10.669	10.645	10.620	10.597	10.573	10.549
13	10.525	10.502	10.478	10.455	10.432	10.409	10.386	10.363	10.340	10.317
14	10.294	10.271	10.249	10.226	10.204	10.182	10.160	10.137	10.115	10.094
15	10.072	10.050	10.028	10.007	9.985	9.964	9.942	9.921	9.900	9.879
16	9.858	9.837	9.816	9.795	9.774	9.753	9.733	9.712	9.692	9.672
17	9.651	9.631	9.611	9.591	9.571	9.551	9.531	9.512	9.492	9.472
18	9.453	9.433	9.414	9.395	9.375	9.356	9.337	9.318	9.299	9.280
19	9.261	9.242	9.224	9.205	9.187	9.168	9.150	9.131	9.113	9.095
20	9.077	9.058	9.040	9.022	9.004	8.987	8.969	8.951	8.933	8.916
21	8.898	8.881	8.863	8.846	8.829	8.812	8.794	8.777	8.760	8.743
22	8.726	8.709	8.693	8.676	8.659	8.642	8.626	8.609	8.593	8.576
23	8.560	8.544	8.528	8.511	8.495	8.479	8.463	8.447	8.431	8.415
24	8.400	8.384	8.368	8.352	8.337	8.321	8.306	8.290	8.275	8.260
25	8.244	8.229	8.214	8.199	8.184	8.168	8.153	8.139	8.124	8.109
26	8.094	8.079	8.065	8.050	8.035	8.021	8.006	7.992	7.977	7.963
27	7.949	7.934	7.920	7.906	7.892	7.878	7.864	7.850	7.836	7.822
28	7.808	7.794	7.780	7.766	7.753	7.739	7.725	7.712	7.698	7.685
29	7.671	7.658	7.645	7.631	7.618	7.605	7.592	7.578	7.565	7.552
30	7.539	7.526	7.513	7.500	7.487	7.475	7.462	7.449	7.436	7.424
31	7.411	7.398	7.386	7.373	7.361	7.348	7.336	7.324	7.311	7.299
32	7.287	7.274	7.262	7.250	7.238	7.226	7.214	7.202	7.190	7.178
33	7.166	7.154	7.142	7.130	7.119	7.107	7.095	7.083	7.072	7.060
34	7.049	7.037	7.026	7.014	7.003	6.991	6.980	6.969	6.957	6.946
35	6.935	6.924	6.912	6.901	6.890	6.879	6.868	6.857	6.846	6.835
36	6.824	6.813	6.802	6.791	6.781	6.770	6.759	6.748	6.738	6.727
37	6.716	6.706	6.695	6.685	6.674	6.664	6.653	6.643	6.632	6.622
38	6.612	6.601	6.591	6.581	6.570	6.560	6.550	6.540	6.530	6.520
39	6.509	6.499	6.489	6.479	6.469	6.460	6.450	6.440	6.430	6.420
40	6.410	6.400	6.391	6.381	6.371	6.361	6.352	6.342	6.333	6.323

Table 2. The Solubility of Nitrogen in mg/L as a Function of Temperature
(moist air, barometric pressure = 760 mm Hg, salinity = 0.0 ppt)

Temp (C)	0.0	0.1	0.2	0.3	0.4	0.5	0.6	0.7	0.8	0.9
0	23.04	22.98	22.92	22.86	22.80	22.74	22.68	22.62	22.56	22.50
1	22.45	22.39	22.33	22.27	22.22	22.16	22.10	22.05	21.99	21.94
2	21.88	21.82	21.77	21.72	21.66	21.61	21.55	21.50	21.45	21.39
3	21.34	21.29	21.23	21.18	21.13	21.08	21.03	20.97	20.92	20.87
4	20.82	20.77	20.72	20.67	20.62	20.57	20.52	20.47	20.42	20.38
5	20.33	20.28	20.23	20.18	20.13	20.09	20.04	19.99	19.95	19.90
6	19.85	19.81	19.76	19.71	19.67	19.62	19.58	19.53	19.49	19.44
7	19.40	19.35	19.31	19.26	19.22	19.18	19.13	19.09	19.05	19.00
8	18.96	18.92	18.88	18.83	18.79	18.75	18.71	18.67	18.63	18.58
9	18.54	18.50	18.46	18.42	18.38	18.34	18.30	18.26	18.22	18.18
10	18.14	18.10	18.06	18.02	17.99	17.95	17.91	17.87	17.83	17.79
11	17.76	17.72	17.68	17.64	17.61	17.57	17.53	17.50	17.46	17.42
12	17.39	17.35	17.31	17.28	17.24	17.21	17.17	17.13	17.10	17.06
13	17.03	16.99	16.96	16.93	16.89	16.86	16.82	16.79	16.75	16.72
14	16.69	16.65	16.62	16.59	16.55	16.52	16.49	16.45	16.42	16.39
15	16.36	16.32	16.29	16.26	16.23	16.20	16.16	16.13	16.10	16.07
16	16.04	16.01	15.98	15.95	15.91	15.88	15.85	15.82	15.79	15.76
17	15.73	15.70	15.67	15.64	15.61	15.58	15.55	15.52	15.50	15.47
18	15.44	15.41	15.38	15.35	15.32	15.29	15.27	15.24	15.21	15.18
19	15.15	15.12	15.10	15.07	15.04	15.01	14.99	14.96	14.93	14.91
20	14.88	14.85	14.82	14.80	14.77	14.74	14.72	14.69	14.67	14.64
21	14.61	14.59	14.56	14.53	14.51	14.48	14.46	14.43	14.41	14.38
22	14.36	14.33	14.31	14.28	14.26	14.23	14.21	14.18	14.16	14.13
23	14.11	14.08	14.06	14.04	14.01	13.99	13.96	13.94	13.92	13.89
24	13.87	13.85	13.82	13.80	13.78	13.75	13.73	13.71	13.68	13.66
25	13.64	13.61	13.59	13.57	13.55	13.52	13.50	13.48	13.46	13.44
26	13.41	13.39	13.37	13.35	13.33	13.30	13.28	13.26	13.24	13.22
27	13.20	13.17	13.15	13.13	13.11	13.09	13.07	13.05	13.03	13.01
28	12.99	12.96	12.94	12.92	12.90	12.88	12.86	12.84	12.82	12.80
29	12.78	12.76	12.74	12.72	12.70	12.68	12.66	12.64	12.62	12.60
30	12.58	12.56	12.54	12.53	12.51	12.49	12.47	12.45	12.43	12.41
31	12.39	12.37	12.35	12.34	12.32	12.30	12.28	12.26	12.24	12.22
32	12.21	12.19	12.17	12.15	12.13	12.11	12.10	12.08	12.06	12.04
33	12.02	12.01	11.99	11.97	11.95	11.94	11.92	11.90	11.88	11.87
34	11.85	11.83	11.81	11.80	11.78	11.76	11.75	11.73	11.71	11.69
35	11.68	11.66	11.64	11.63	11.61	11.59	11.58	11.56	11.54	11.53
36	11.51	11.49	11.48	11.46	11.45	11.43	11.41	11.40	11.38	11.37
37	11.35	11.33	11.32	11.30	11.29	11.27	11.25	11.24	11.22	11.21
38	11.19	11.18	11.16	11.15	11.13	11.11	11.10	11.08	11.07	11.05
39	11.04	11.02	11.01	10.99	10.98	10.96	10.95	10.93	10.92	10.90
40	10.89	10.87	10.86	10.84	10.83	10.82	10.80	10.79	10.77	10.76

Table 3. The Solubility of Argon in mg/L as a Function of Temperature
(moist air, barometric pressure = 760 mm, salinity = 0.0 ppt)

Temp (C)	0.0	0.1	0.2	0.3	0.4	0.5	0.6	0.7	0.8	0.9
0	0.8885	0.8860	0.8836	0.8812	0.8787	0.8763	0.8739	0.8715	0.8691	0.8667
1	0.8644	0.8620	0.8597	0.8573	0.8550	0.8527	0.8504	0.8481	0.8458	0.8436
2	0.8413	0.8391	0.8368	0.8346	0.8324	0.8302	0.8280	0.8258	0.8236	0.8214
3	0.8193	0.8171	0.8150	0.8128	0.8107	0.8086	0.8065	0.8044	0.8023	0.8002
4	0.7982	0.7961	0.7941	0.7920	0.7900	0.7880	0.7860	0.7840	0.7820	0.7800
5	0.7780	0.7760	0.7741	0.7721	0.7702	0.7682	0.7663	0.7644	0.7624	0.7605
6	0.7586	0.7568	0.7549	0.7530	0.7511	0.7493	0.7474	0.7456	0.7438	0.7419
7	0.7401	0.7383	0.7365	0.7347	0.7329	0.7311	0.7294	0.7276	0.7258	0.7241
8	0.7223	0.7206	0.7189	0.7171	0.7154	0.7137	0.7120	0.7103	0.7086	0.7070
9	0.7053	0.7036	0.7019	0.7003	0.6986	0.6970	0.6954	0.6937	0.6921	0.6905
10	0.6889	0.6873	0.6857	0.6841	0.6825	0.6810	0.6794	0.6778	0.6763	0.6747
11	0.6732	0.6716	0.6701	0.6686	0.6670	0.6655	0.6640	0.6625	0.6610	0.6595
12	0.6580	0.6566	0.6551	0.6536	0.6522	0.6507	0.6493	0.6478	0.6464	0.6449
13	0.6435	0.6421	0.6407	0.6393	0.6378	0.6364	0.6350	0.6337	0.6323	0.6309
14	0.6295	0.6281	0.6268	0.6254	0.6241	0.6227	0.6214	0.6200	0.6187	0.6174
15	0.6160	0.6147	0.6134	0.6121	0.6108	0.6095	0.6082	0.6069	0.6056	0.6044
16	0.6031	0.6018	0.6005	0.5993	0.5980	0.5968	0.5955	0.5943	0.5930	0.5918
17	0.5906	0.5893	0.5881	0.5869	0.5857	0.5845	0.5833	0.5821	0.5809	0.5797
18	0.5785	0.5773	0.5762	0.5750	0.5738	0.5727	0.5715	0.5703	0.5692	0.5680
19	0.5669	0.5657	0.5646	0.5635	0.5623	0.5612	0.5601	0.5590	0.5579	0.5568
20	0.5557	0.5546	0.5535	0.5524	0.5513	0.5502	0.5491	0.5480	0.5470	0.5459
21	0.5448	0.5438	0.5427	0.5416	0.5406	0.5395	0.5385	0.5375	0.5364	0.5354
22	0.5343	0.5333	0.5323	0.5313	0.5303	0.5292	0.5282	0.5272	0.5262	0.5252
23	0.5242	0.5232	0.5222	0.5212	0.5203	0.5193	0.5183	0.5173	0.5164	0.5154
24	0.5144	0.5135	0.5125	0.5116	0.5106	0.5096	0.5087	0.5078	0.5068	0.5059
25	0.5049	0.5040	0.5031	0.5022	0.5012	0.5003	0.4994	0.4985	0.4976	0.4967
26	0.4958	0.4949	0.4940	0.4931	0.4922	0.4913	0.4904	0.4895	0.4886	0.4878
27	0.4869	0.4860	0.4851	0.4843	0.4834	0.4825	0.4817	0.4808	0.4800	0.4791
28	0.4783	0.4774	0.4766	0.4757	0.4749	0.4741	0.4732	0.4724	0.4716	0.4707
29	0.4699	0.4691	0.4683	0.4675	0.4667	0.4658	0.4650	0.4642	0.4634	0.4626
30	0.4618	0.4610	0.4602	0.4594	0.4587	0.4579	0.4571	0.4563	0.4555	0.4547
31	0.4540	0.4532	0.4524	0.4517	0.4509	0.4501	0.4494	0.4486	0.4478	0.4471
32	0.4463	0.4456	0.4448	0.4441	0.4433	0.4426	0.4419	0.4411	0.4404	0.4396
33	0.4389	0.4382	0.4375	0.4367	0.4360	0.4353	0.4346	0.4339	0.4331	0.4324
34	0.4317	0.4310	0.4303	0.4296	0.4289	0.4282	0.4275	0.4268	0.4261	0.4254
35	0.4247	0.4240	0.4233	0.4226	0.4220	0.4213	0.4206	0.4199	0.4192	0.4186
36	0.4179	0.4172	0.4165	0.4159	0.4152	0.4145	0.4139	0.4132	0.4126	0.4119
37	0.4113	0.4106	0.4099	0.4093	0.4086	0.4080	0.4074	0.4067	0.4061	0.4054
38	0.4048	0.4042	0.4035	0.4029	0.4023	0.4016	0.4010	0.4004	0.3997	0.3991
39	0.3985	0.3979	0.3973	0.3966	0.3960	0.3954	0.3948	0.3942	0.3936	0.3930
40	0.3924	0.3918	0.3912	0.3906	0.3900	0.3894	0.3888	0.3882	0.3876	0.3870

Table 4. The Solubility of Carbon Dioxide in mg/L as a Function of Temperature
(moist air, barometric pressure = 760 mm, salinity = 0.0 ppt)

Temp (C)	0.0	0.1	0.2	0.3	0.4	0.5	0.6	0.7	0.8	0.9
0	1.0860	1.0816	1.0773	1.0730	1.0687	1.0645	1.0602	1.0560	1.0519	1.0477
1	1.0436	1.0394	1.0353	1.0313	1.0272	1.0232	1.0192	1.0152	1.0112	1.0073
2	1.0033	0.9994	0.9955	0.9917	0.9878	0.9840	0.9802	0.9764	0.9727	0.9689
3	0.9652	0.9615	0.9578	0.9541	0.9505	0.9469	0.9433	0.9397	0.9361	0.9325
4	0.9290	0.9255	0.9220	0.9185	0.9150	0.9116	0.9082	0.9048	0.9014	0.8980
5	0.8946	0.8913	0.8880	0.8847	0.8814	0.8781	0.8748	0.8716	0.8684	0.8652
6	0.8620	0.8588	0.8556	0.8525	0.8494	0.8463	0.8432	0.8401	0.8370	0.8340
7	0.8309	0.8279	0.8249	0.8219	0.8190	0.8160	0.8130	0.8101	0.8072	0.8043
8	0.8014	0.7985	0.7957	0.7928	0.7900	0.7872	0.7844	0.7816	0.7788	0.7761
9	0.7733	0.7706	0.7679	0.7652	0.7625	0.7598	0.7571	0.7545	0.7518	0.7492
10	0.7466	0.7440	0.7414	0.7388	0.7362	0.7337	0.7311	0.7286	0.7261	0.7236
11	0.7211	0.7186	0.7161	0.7137	0.7112	0.7088	0.7064	0.7039	0.7015	0.6991
12	0.6968	0.6944	0.6920	0.6897	0.6874	0.6850	0.6827	0.6804	0.6781	0.6759
13	0.6736	0.6713	0.6691	0.6669	0.6646	0.6624	0.6602	0.6580	0.6558	0.6536
14	0.6515	0.6493	0.6472	0.6450	0.6429	0.6408	0.6387	0.6366	0.6345	0.6324
15	0.6304	0.6283	0.6263	0.6242	0.6222	0.6202	0.6181	0.6161	0.6141	0.6122
16	0.6102	0.6082	0.6063	0.6043	0.6024	0.6004	0.5985	0.5966	0.5947	0.5928
17	0.5909	0.5890	0.5872	0.5853	0.5834	0.5816	0.5797	0.5779	0.5761	0.5743
18	0.5725	0.5707	0.5689	0.5671	0.5653	0.5635	0.5618	0.5600	0.5583	0.5565
19	0.5548	0.5531	0.5514	0.5497	0.5480	0.5463	0.5446	0.5429	0.5412	0.5396
20	0.5379	0.5363	0.5346	0.5330	0.5314	0.5297	0.5281	0.5265	0.5249	0.5233
21	0.5217	0.5202	0.5186	0.5170	0.5155	0.5139	0.5124	0.5108	0.5093	0.5078
22	0.5062	0.5047	0.5032	0.5017	0.5002	0.4987	0.4972	0.4958	0.4943	0.4928
23	0.4914	0.4899	0.4885	0.4870	0.4856	0.4842	0.4827	0.4813	0.4799	0.4785
24	0.4771	0.4757	0.4743	0.4729	0.4715	0.4702	0.4688	0.4674	0.4661	0.4647
25	0.4634	0.4621	0.4607	0.4594	0.4581	0.4568	0.4554	0.4541	0.4528	0.4515
26	0.4502	0.4490	0.4477	0.4464	0.4451	0.4439	0.4426	0.4413	0.4401	0.4388
27	0.4376	0.4364	0.4351	0.4339	0.4327	0.4315	0.4302	0.4290	0.4278	0.4266
28	0.4254	0.4242	0.4231	0.4219	0.4207	0.4195	0.4184	0.4172	0.4160	0.4149
29	0.4137	0.4126	0.4115	0.4103	0.4092	0.4081	0.4069	0.4058	0.4047	0.4036
30	0.4025	0.4014	0.4003	0.3992	0.3981	0.3970	0.3959	0.3948	0.3938	0.3927
31	0.3916	0.3906	0.3895	0.3885	0.3874	0.3864	0.3853	0.3843	0.3832	0.3822
32	0.3812	0.3802	0.3791	0.3781	0.3771	0.3761	0.3751	0.3741	0.3731	0.3721
33	0.3711	0.3701	0.3691	0.3681	0.3672	0.3662	0.3652	0.3643	0.3633	0.3623
34	0.3614	0.3604	0.3595	0.3585	0.3576	0.3566	0.3557	0.3548	0.3538	0.3529
35	0.3520	0.3511	0.3501	0.3492	0.3483	0.3474	0.3465	0.3456	0.3447	0.3438
36	0.3429	0.3420	0.3411	0.3403	0.3394	0.3385	0.3376	0.3367	0.3359	0.3350
37	0.3341	0.3333	0.3324	0.3316	0.3307	0.3299	0.3290	0.3282	0.3273	0.3265
38	0.3257	0.3248	0.3240	0.3232	0.3223	0.3215	0.3207	0.3199	0.3191	0.3183
39	0.3175	0.3166	0.3158	0.3150	0.3142	0.3134	0.3127	0.3119	0.3111	0.3103
40	0.3095	0.3087	0.3079	0.3072	0.3064	0.3056	0.3048	0.3041	0.3033	0.3026

Table 5. The Vapor Pressure of Fresh water in mm Hg as a Function of Temperature

Temp (C)	0.0	0.1	0.2	0.3	0.4	0.5	0.6	0.7	0.8	0.9
0	4.58	4.62	4.65	4.68	4.72	4.75	4.79	4.82	4.86	4.89
1	4.93	4.96	5.00	5.04	5.07	5.11	5.14	5.18	5.22	5.26
2	5.29	5.33	5.37	5.41	5.45	5.49	5.53	5.57	5.60	5.64
3	5.68	5.73	5.77	5.81	5.85	5.89	5.93	5.97	6.02	6.06
4	6.10	6.14	6.19	6.23	6.27	6.32	6.36	6.41	6.45	6.50
5	6.54	6.59	6.64	6.68	6.73	6.78	6.82	6.87	6.92	6.97
6	7.01	7.06	7.11	7.16	7.21	7.26	7.31	7.36	7.41	7.46
7	7.51	7.57	7.62	7.67	7.72	7.78	7.83	7.88	7.94	7.99
8	8.05	8.10	8.16	8.21	8.27	8.32	8.38	8.44	8.49	8.55
9	8.61	8.67	8.73	8.79	8.85	8.91	8.97	9.03	9.09	9.15
10	9.21	9.27	9.33	9.40	9.46	9.52	9.59	9.65	9.72	9.78
11	9.85	9.91	9.98	10.04	10.11	10.18	10.24	10.31	10.38	10.45
12	10.52	10.59	10.66	10.73	10.80	10.87	10.94	11.01	11.09	11.16
13	11.23	11.31	11.38	11.46	11.53	11.61	11.68	11.76	11.83	11.91
14	11.99	12.07	12.15	12.23	12.30	12.38	12.46	12.55	12.63	12.71
15	12.79	12.87	12.96	13.04	13.12	13.21	13.29	13.38	13.46	13.55
16	13.64	13.73	13.81	13.90	13.99	14.08	14.17	14.26	14.35	14.44
17	14.53	14.63	14.72	14.81	14.91	15.00	15.10	15.19	15.29	15.38
18	15.48	15.58	15.68	15.78	15.88	15.97	16.08	16.18	16.28	16.38
19	16.48	16.59	16.69	16.79	16.90	17.00	17.11	17.22	17.32	17.43
20	17.54	17.65	17.76	17.87	17.98	18.09	18.20	18.31	18.43	18.54
21	18.66	18.77	18.89	19.00	19.12	19.24	19.36	19.47	19.59	19.71
22	19.83	19.96	20.08	20.20	20.32	20.45	20.57	20.70	20.82	20.95
23	21.08	21.20	21.33	21.46	21.59	21.72	21.85	21.99	22.12	22.25
24	22.39	22.52	22.66	22.79	22.93	23.07	23.21	23.34	23.48	23.63
25	23.77	23.91	24.05	24.19	24.34	24.48	24.63	24.78	24.92	25.07
26	25.22	25.37	25.52	25.67	25.82	25.98	26.13	26.28	26.44	26.59
27	26.75	26.91	27.07	27.23	27.39	27.55	27.71	27.87	28.03	28.20
28	28.36	28.53	28.69	28.86	29.03	29.20	29.37	29.54	29.71	29.88
29	30.06	30.23	30.41	30.58	30.76	30.94	31.12	31.30	31.48	31.66
30	31.84	32.02	32.21	32.39	32.58	32.77	32.95	33.14	33.33	33.52
31	33.71	33.91	34.10	34.29	34.49	34.69	34.88	35.08	35.28	35.48
32	35.68	35.89	36.09	36.29	36.50	36.70	36.91	37.12	37.33	37.54
33	37.75	37.96	38.18	38.39	38.61	38.82	39.04	39.26	39.48	39.70
34	39.92	40.14	40.37	40.59	40.82	41.05	41.28	41.51	41.74	41.97
35	42.20	42.43	42.67	42.91	43.14	43.38	43.62	43.86	44.10	44.35
36	44.59	44.84	45.08	45.33	45.58	45.83	46.08	46.33	46.59	46.84
37	47.10	47.35	47.61	47.87	48.13	48.40	48.66	48.92	49.19	49.46
38	49.72	49.99	50.27	50.54	50.81	51.09	51.36	51.64	51.92	52.20
39	52.48	52.76	53.04	53.33	53.62	53.90	54.19	54.48	54.78	55.07
40	55.36	55.66	55.96	56.25	56.55	56.86	57.16	57.46	57.77	58.07

COMPUTATION OF THE AIR-SOLUBILITY VALUE, C*, IN mL/L

The air solubilities of oxygen, nitrogen, argon, and carbon dioxide in terms of mL/L are presented at 0.1 C temperature intervals for the range of 0 to 40 C in Tables 6 to 9 (pages 14-17). These tables are based on the following assumptions: (1) the gas is air and contains the normal composition of air; (2) the barometric pressure is 760 mm Hg; and (3) the air is saturated with water vapor. The air-solubility values for pressures other than 760 mm Hg can be computed from Equation 1. The solubility of gases in mL/L and mg/L are related by

$$mg/L = (K_i)(mL/L). \qquad (2)$$

K_i is equal to the ratio of the molecular weight to molecular volume. The values of K_i for oxygen, nitrogen, argon, and carbon dioxide are

K_{O_2} = 1.42903 mg/mL;

K_{N_2} = 1.25043 mg/mL;

K_{Ar} = 1.78419 mg/mL;

K_{CO_2} = 1.97681 mg/mL.

Example 6

What is the air solubility of oxygen, nitrogen, argon, and carbon dioxide in mL/L at 8.3 C and a barometric pressure equal to 760 mm Hg?

Solution

Use Tables 6 to 9.

Gas	mL/L	Source
O_2	8.22	(Table 6)
N_2	15.06	(Table 7)
Ar	0.40	(Table 8)
CO_2	0.40	(Table 9)

Table 6. The Solubility of Oxygen in mL/L as a Function of Temperature
(moist air, barometric pressure = 760 mm Hg, salinity = 0.0 ppt)

Temp (C)	0.0	0.1	0.2	0.3	0.4	0.5	0.6	0.7	0.8	0.9
0	10.218	10.189	10.161	10.132	10.104	10.075	10.047	10.019	9.991	9.963
1	9.936	9.908	9.881	9.854	9.826	9.799	9.773	9.746	9.719	9.693
2	9.666	9.640	9.614	9.588	9.562	9.536	9.510	9.485	9.459	9.434
3	9.409	9.384	9.359	9.334	9.309	9.284	9.260	9.235	9.211	9.187
4	9.163	9.139	9.115	9.091	9.067	9.044	9.020	8.997	8.974	8.950
5	8.927	8.904	8.882	8.859	8.836	8.813	8.791	8.769	8.746	8.724
6	8.702	8.680	8.658	8.636	8.615	8.593	8.572	8.550	8.529	8.508
7	8.486	8.465	8.444	8.423	8.403	8.382	8.361	8.341	8.320	8.300
8	8.280	8.259	8.239	8.219	8.199	8.180	8.160	8.140	8.120	8.101
9	8.082	8.062	8.043	8.024	8.005	7.985	7.967	7.948	7.929	7.910
10	7.891	7.873	7.854	7.836	7.818	7.799	7.781	7.763	7.745	7.727
11	7.709	7.691	7.673	7.656	7.638	7.620	7.603	7.586	7.568	7.551
12	7.534	7.517	7.500	7.483	7.466	7.449	7.432	7.415	7.399	7.382
13	7.365	7.349	7.333	7.316	7.300	7.284	7.268	7.251	7.235	7.219
14	7.204	7.188	7.172	7.156	7.141	7.125	7.109	7.094	7.079	7.063
15	7.048	7.033	7.017	7.002	6.987	6.972	6.957	6.942	6.928	6.913
16	6.898	6.883	6.869	6.854	6.840	6.825	6.811	6.796	6.782	6.768
17	6.754	6.740	6.726	6.712	6.698	6.684	6.670	6.656	6.642	6.628
18	6.615	6.601	6.588	6.574	6.561	6.547	6.534	6.520	6.507	6.494
19	6.481	6.468	6.455	6.442	6.429	6.416	6.403	6.390	6.377	6.364
20	6.352	6.339	6.326	6.314	6.301	6.289	6.276	6.264	6.251	6.239
21	6.227	6.215	6.202	6.190	6.178	6.166	6.154	6.142	6.130	6.118
22	6.106	6.095	6.083	6.071	6.059	6.048	6.036	6.025	6.013	6.002
23	5.990	5.979	5.967	5.956	5.945	5.933	5.922	5.911	5.900	5.889
24	5.878	5.867	5.856	5.845	5.834	5.823	5.812	5.801	5.791	5.780
25	5.769	5.758	5.748	5.737	5.727	5.716	5.706	5.695	5.685	5.674
26	5.664	5.654	5.643	5.633	5.623	5.613	5.603	5.592	5.582	5.572
27	5.562	5.552	5.542	5.532	5.522	5.513	5.503	5.493	5.483	5.473
28	5.464	5.454	5.444	5.435	5.425	5.416	5.406	5.397	5.387	5.378
29	5.368	5.359	5.350	5.340	5.331	5.322	5.312	5.303	5.294	5.285
30	5.276	5.267	5.258	5.249	5.240	5.231	5.222	5.213	5.204	5.195
31	5.186	5.177	5.168	5.160	5.151	5.142	5.134	5.125	5.116	5.108
32	5.099	5.090	5.082	5.073	5.065	5.056	5.048	5.040	5.031	5.023
33	5.015	5.006	4.998	4.990	4.981	4.973	4.965	4.957	4.949	4.941
34	4.932	4.924	4.916	4.908	4.900	4.892	4.884	4.876	4.869	4.861
35	4.853	4.845	4.837	4.829	4.821	4.814	4.806	4.798	4.791	4.783
36	4.775	4.768	4.760	4.752	4.745	4.737	4.730	4.722	4.715	4.707
37	4.700	4.692	4.685	4.678	4.670	4.663	4.656	4.648	4.641	4.634
38	4.627	4.619	4.612	4.605	4.598	4.591	4.584	4.576	4.569	4.562
39	4.555	4.548	4.541	4.534	4.527	4.520	4.513	4.506	4.499	4.493
40	4.486	4.479	4.472	4.465	4.458	4.452	4.445	4.438	4.431	4.425

Table 7. The Solubility of Nitrogen in mL/L as a Function of Temperature
(moist air, barometric pressure = 760 mm Hg, salinity = 0.0 ppt)

Temp (C)	0.0	0.1	0.2	0.3	0.4	0.5	0.6	0.7	0.8	0.9
0	18.42	18.38	18.33	18.28	18.23	18.18	18.14	18.09	18.04	18.00
1	17.95	17.90	17.86	17.81	17.77	17.72	17.68	17.63	17.59	17.54
2	17.50	17.45	17.41	17.37	17.32	17.28	17.24	17.19	17.15	17.11
3	17.07	17.02	16.98	16.94	16.90	16.86	16.82	16.77	16.73	16.69
4	16.65	16.61	16.57	16.53	16.49	16.45	16.41	16.37	16.33	16.29
5	16.26	16.22	16.18	16.14	16.10	16.06	16.03	15.99	15.95	15.91
6	15.88	15.84	15.80	15.77	15.73	15.69	15.66	15.62	15.58	15.55
7	15.51	15.48	15.44	15.41	15.37	15.34	15.30	15.27	15.23	15.20
8	15.16	15.13	15.10	15.06	15.03	15.00	14.96	14.93	14.90	14.86
9	14.83	14.80	14.76	14.73	14.70	14.67	14.64	14.60	14.57	14.54
10	14.51	14.48	14.45	14.41	14.38	14.35	14.32	14.29	14.26	14.23
11	14.20	14.17	14.14	14.11	14.08	14.05	14.02	13.99	13.96	13.93
12	13.90	13.87	13.85	13.82	13.79	13.76	13.73	13.70	13.67	13.65
13	13.62	13.59	13.56	13.54	13.51	13.48	13.45	13.43	13.40	13.37
14	13.34	13.32	13.29	13.26	13.24	13.21	13.19	13.16	13.13	13.11
15	13.08	13.05	13.03	13.00	12.98	12.95	12.93	12.90	12.88	12.85
16	12.83	12.80	12.78	12.75	12.73	12.70	12.68	12.65	12.63	12.61
17	12.58	12.56	12.53	12.51	12.49	12.46	12.44	12.42	12.39	12.37
18	12.35	12.32	12.30	12.28	12.25	12.23	12.21	12.19	12.16	12.14
19	12.12	12.10	12.07	12.05	12.03	12.01	11.99	11.96	11.94	11.92
20	11.90	11.88	11.86	11.83	11.81	11.79	11.77	11.75	11.73	11.71
21	11.69	11.67	11.64	11.62	11.60	11.58	11.56	11.54	11.52	11.50
22	11.48	11.46	11.44	11.42	11.40	11.38	11.36	11.34	11.32	11.30
23	11.28	11.26	11.24	11.23	11.21	11.19	11.17	11.15	11.13	11.11
24	11.09	11.07	11.05	11.04	11.02	11.00	10.98	10.96	10.94	10.92
25	10.91	10.89	10.87	10.85	10.83	10.82	10.80	10.78	10.76	10.74
26	10.73	10.71	10.69	10.67	10.66	10.64	10.62	10.60	10.59	10.57
27	10.55	10.54	10.52	10.50	10.49	10.47	10.45	10.43	10.42	10.40
28	10.38	10.37	10.35	10.34	10.32	10.30	10.29	10.27	10.25	10.24
29	10.22	10.21	10.19	10.17	10.16	10.14	10.13	10.11	10.09	10.08
30	10.06	10.05	10.03	10.02	10.00	9.99	9.97	9.96	9.94	9.93
31	9.91	9.89	9.88	9.86	9.85	9.84	9.82	9.81	9.79	9.78
32	9.76	9.75	9.73	9.72	9.70	9.69	9.67	9.66	9.64	9.63
33	9.62	9.60	9.59	9.57	9.56	9.55	9.53	9.52	9.50	9.49
34	9.48	9.46	9.45	9.43	9.42	9.41	9.39	9.38	9.37	9.35
35	9.34	9.33	9.31	9.30	9.29	9.27	9.26	9.25	9.23	9.22
36	9.21	9.19	9.18	9.17	9.15	9.14	9.13	9.11	9.10	9.09
37	9.08	9.06	9.05	9.04	9.03	9.01	9.00	8.99	8.98	8.96
38	8.95	8.94	8.93	8.91	8.90	8.89	8.88	8.86	8.85	8.84
39	8.83	8.82	8.80	8.79	8.78	8.77	8.76	8.74	8.73	8.72
40	8.71	8.70	8.68	8.67	8.66	8.65	8.64	8.63	8.61	8.60

Table 8. The Solubility of Argon in mL/L as a Function of Temperature
(moist air, barometric pressure = 760 mm Hg, salinity = 0.0 ppt)

Temp (C)	0.0	0.1	0.2	0.3	0.4	0.5	0.6	0.7	0.8	0.9
0	0.4980	0.4966	0.4952	0.4939	0.4925	0.4911	0.4898	0.4885	0.4871	0.4858
1	0.4845	0.4831	0.4818	0.4805	0.4792	0.4779	0.4766	0.4754	0.4741	0.4728
2	0.4715	0.4703	0.4690	0.4678	0.4665	0.4653	0.4641	0.4628	0.4616	0.4604
3	0.4592	0.4580	0.4568	0.4556	0.4544	0.4532	0.4520	0.4509	0.4497	0.4485
4	0.4474	0.4462	0.4451	0.4439	0.4428	0.4416	0.4405	0.4394	0.4383	0.4372
5	0.4360	0.4349	0.4338	0.4327	0.4317	0.4306	0.4295	0.4284	0.4273	0.4263
6	0.4252	0.4241	0.4231	0.4220	0.4210	0.4200	0.4189	0.4179	0.4169	0.4158
7	0.4148	0.4138	0.4128	0.4118	0.4108	0.4098	0.4088	0.4078	0.4068	0.4058
8	0.4049	0.4039	0.4029	0.4019	0.4010	0.4000	0.3991	0.3981	0.3972	0.3962
9	0.3953	0.3944	0.3934	0.3925	0.3916	0.3907	0.3897	0.3888	0.3879	0.3870
10	0.3861	0.3852	0.3843	0.3834	0.3825	0.3817	0.3808	0.3799	0.3790	0.3782
11	0.3773	0.3764	0.3756	0.3747	0.3739	0.3730	0.3722	0.3713	0.3705	0.3697
12	0.3688	0.3680	0.3672	0.3663	0.3655	0.3647	0.3639	0.3631	0.3623	0.3615
13	0.3607	0.3599	0.3591	0.3583	0.3575	0.3567	0.3559	0.3552	0.3544	0.3536
14	0.3528	0.3521	0.3513	0.3505	0.3498	0.3490	0.3483	0.3475	0.3468	0.3460
15	0.3453	0.3445	0.3438	0.3431	0.3423	0.3416	0.3409	0.3402	0.3394	0.3387
16	0.3380	0.3373	0.3366	0.3359	0.3352	0.3345	0.3338	0.3331	0.3324	0.3317
17	0.3310	0.3303	0.3296	0.3290	0.3283	0.3276	0.3269	0.3262	0.3256	0.3249
18	0.3242	0.3236	0.3229	0.3223	0.3216	0.3210	0.3203	0.3197	0.3190	0.3184
19	0.3177	0.3171	0.3165	0.3158	0.3152	0.3146	0.3139	0.3133	0.3127	0.3121
20	0.3114	0.3108	0.3102	0.3096	0.3090	0.3084	0.3078	0.3072	0.3066	0.3060
21	0.3054	0.3048	0.3042	0.3036	0.3030	0.3024	0.3018	0.3012	0.3006	0.3001
22	0.2995	0.2989	0.2983	0.2978	0.2972	0.2966	0.2961	0.2955	0.2949	0.2944
23	0.2938	0.2933	0.2927	0.2921	0.2916	0.2910	0.2905	0.2900	0.2894	0.2889
24	0.2883	0.2878	0.2872	0.2867	0.2862	0.2856	0.2851	0.2846	0.2841	0.2835
25	0.2830	0.2825	0.2820	0.2815	0.2809	0.2804	0.2799	0.2794	0.2789	0.2784
26	0.2779	0.2774	0.2769	0.2764	0.2759	0.2754	0.2749	0.2744	0.2739	0.2734
27	0.2729	0.2724	0.2719	0.2714	0.2709	0.2705	0.2700	0.2695	0.2690	0.2685
28	0.2681	0.2676	0.2671	0.2666	0.2662	0.2657	0.2652	0.2648	0.2643	0.2638
29	0.2634	0.2629	0.2625	0.2620	0.2616	0.2611	0.2606	0.2602	0.2597	0.2593
30	0.2588	0.2584	0.2580	0.2575	0.2571	0.2566	0.2562	0.2557	0.2553	0.2549
31	0.2544	0.2540	0.2536	0.2531	0.2527	0.2523	0.2519	0.2514	0.2510	0.2506
32	0.2502	0.2497	0.2493	0.2489	0.2485	0.2481	0.2477	0.2472	0.2468	0.2464
33	0.2460	0.2456	0.2452	0.2448	0.2444	0.2440	0.2436	0.2432	0.2428	0.2424
34	0.2420	0.2416	0.2412	0.2408	0.2404	0.2400	0.2396	0.2392	0.2388	0.2384
35	0.2380	0.2377	0.2373	0.2369	0.2365	0.2361	0.2357	0.2354	0.2350	0.2346
36	0.2342	0.2338	0.2335	0.2331	0.2327	0.2323	0.2320	0.2316	0.2312	0.2309
37	0.2305	0.2301	0.2298	0.2294	0.2290	0.2287	0.2283	0.2280	0.2276	0.2272
38	0.2269	0.2265	0.2262	0.2258	0.2255	0.2251	0.2248	0.2244	0.2240	0.2237
39	0.2234	0.2230	0.2227	0.2223	0.2220	0.2216	0.2213	0.2209	0.2206	0.2203
40	0.2199	0.2196	0.2192	0.2189	0.2186	0.2182	0.2179	0.2176	0.2172	0.2169

Table 9. The Solubility of Carbon Dioxide in mL/L as a Function of Temperature
(moist air, barometric pressure = 760 mm Hg, salinity = 0.0 ppt)

Temp (C)	0.0	0.1	0.2	0.3	0.4	0.5	0.6	0.7	0.8	0.9
0	0.5494	0.5472	0.5450	0.5428	0.5406	0.5385	0.5363	0.5342	0.5321	0.5300
1	0.5279	0.5258	0.5237	0.5217	0.5196	0.5176	0.5156	0.5135	0.5115	0.5095
2	0.5076	0.5056	0.5036	0.5017	0.4997	0.4978	0.4959	0.4939	0.4920	0.4901
3	0.4883	0.4864	0.4845	0.4827	0.4808	0.4790	0.4772	0.4753	0.4735	0.4717
4	0.4699	0.4682	0.4664	0.4646	0.4629	0.4611	0.4594	0.4577	0.4560	0.4543
5	0.4526	0.4509	0.4492	0.4475	0.4459	0.4442	0.4426	0.4409	0.4393	0.4377
6	0.4360	0.4344	0.4328	0.4313	0.4297	0.4281	0.4265	0.4250	0.4234	0.4219
7	0.4203	0.4188	0.4173	0.4158	0.4143	0.4128	0.4113	0.4098	0.4083	0.4069
8	0.4054	0.4040	0.4025	0.4011	0.3996	0.3982	0.3968	0.3954	0.3940	0.3926
9	0.3912	0.3898	0.3884	0.3871	0.3857	0.3843	0.3830	0.3817	0.3803	0.3790
10	0.3777	0.3763	0.3750	0.3737	0.3724	0.3711	0.3698	0.3686	0.3673	0.3660
11	0.3648	0.3635	0.3623	0.3610	0.3598	0.3585	0.3573	0.3561	0.3549	0.3537
12	0.3525	0.3513	0.3501	0.3489	0.3477	0.3465	0.3454	0.3442	0.3430	0.3419
13	0.3407	0.3396	0.3385	0.3373	0.3362	0.3351	0.3340	0.3329	0.3318	0.3307
14	0.3296	0.3285	0.3274	0.3263	0.3252	0.3242	0.3231	0.3220	0.3210	0.3199
15	0.3189	0.3178	0.3168	0.3158	0.3147	0.3137	0.3127	0.3117	0.3107	0.3097
16	0.3087	0.3077	0.3067	0.3057	0.3047	0.3037	0.3028	0.3018	0.3008	0.2999
17	0.2989	0.2980	0.2970	0.2961	0.2951	0.2942	0.2933	0.2923	0.2914	0.2905
18	0.2896	0.2887	0.2878	0.2869	0.2860	0.2851	0.2842	0.2833	0.2824	0.2815
19	0.2807	0.2798	0.2789	0.2781	0.2772	0.2763	0.2755	0.2746	0.2738	0.2730
20	0.2721	0.2713	0.2705	0.2696	0.2688	0.2680	0.2672	0.2664	0.2655	0.2647
21	0.2639	0.2631	0.2623	0.2615	0.2608	0.2600	0.2592	0.2584	0.2576	0.2569
22	0.2561	0.2553	0.2546	0.2538	0.2530	0.2523	0.2515	0.2508	0.2500	0.2493
23	0.2486	0.2478	0.2471	0.2464	0.2456	0.2449	0.2442	0.2435	0.2428	0.2421
24	0.2413	0.2406	0.2399	0.2392	0.2385	0.2378	0.2372	0.2365	0.2358	0.2351
25	0.2344	0.2337	0.2331	0.2324	0.2317	0.2311	0.2304	0.2297	0.2291	0.2284
26	0.2278	0.2271	0.2265	0.2258	0.2252	0.2245	0.2239	0.2233	0.2226	0.2220
27	0.2214	0.2207	0.2201	0.2195	0.2189	0.2183	0.2176	0.2170	0.2164	0.2158
28	0.2152	0.2146	0.2140	0.2134	0.2128	0.2122	0.2116	0.2110	0.2105	0.2099
29	0.2093	0.2087	0.2081	0.2076	0.2070	0.2064	0.2059	0.2053	0.2047	0.2042
30	0.2036	0.2030	0.2025	0.2019	0.2014	0.2008	0.2003	0.1997	0.1992	0.1987
31	0.1981	0.1976	0.1970	0.1965	0.1960	0.1954	0.1949	0.1944	0.1939	0.1933
32	0.1928	0.1923	0.1918	0.1913	0.1908	0.1903	0.1897	0.1892	0.1887	0.1882
33	0.1877	0.1872	0.1867	0.1862	0.1857	0.1852	0.1848	0.1843	0.1838	0.1833
34	0.1828	0.1823	0.1818	0.1814	0.1809	0.1804	0.1799	0.1795	0.1790	0.1785
35	0.1781	0.1776	0.1771	0.1767	0.1762	0.1757	0.1753	0.1748	0.1744	0.1739
36	0.1735	0.1730	0.1726	0.1721	0.1717	0.1712	0.1708	0.1703	0.1699	0.1695
37	0.1690	0.1686	0.1682	0.1677	0.1673	0.1669	0.1664	0.1660	0.1656	0.1652
38	0.1647	0.1643	0.1639	0.1635	0.1631	0.1626	0.1622	0.1618	0.1614	0.1610
39	0.1606	0.1602	0.1598	0.1594	0.1590	0.1586	0.1582	0.1578	0.1574	0.1570
40	0.1566	0.1562	0.1558	0.1554	0.1550	0.1546	0.1542	0.1538	0.1534	0.1531

COMPUTATION OF BUNSEN COEFFICIENTS

The Bunsen coefficients of oxygen, nitrogen, argon, and carbon dioxide are presented at 0.1 C temperature intervals for the range of 0-40 C in Tables 10 to 13 (pages 23-26). The Bunsen coefficient (β) represents the solubility of a real gas in liters gas at standard temperature and pressure (STP) per liter water when the partial pressure in the gas phase is equal to 1 standard atmosphere (atm) or 760 mm Hg. The Bunsen coefficient may also be expressed in mL/L·atm or mg/L·atm:

$$\beta(\text{mL/L·atm}) = 1000\beta ; \tag{3}$$

$$\beta(\text{mg/L·atm}) = 1000 K_i \beta . \tag{4}$$

The values of K_i for oxygen, nitrogen, argon, and carbon dioxide are presented on the inside of the back cover.

The solubility of a gas is equal to the Bunsen coefficient multiplied by the gas's partial pressure in atmospheres:

$$\text{solubility} = \beta \text{ (partial pressure)}. \tag{5}$$

The partial pressure of the ith gas in a mixture is equal to

$$\text{partial pressure} = X_i(BP - P_{H_2O})/760.0, \tag{6}$$

where BP = barometric pressure in mm Hg;

P_{H_2O} = vapor pressure of water in mm Hg;

X_i = mole fraction of the ith gas.

Substitution of Equations 3 or 4 and Equation 6 into Equation 5 results in Equations 7 and 8:

FRESH WATERS

$$C_i \text{ (mL/L)} = 1000 \, \beta_i \, X_i(BP-P_{H_2O})/760.0; \tag{7}$$

$$C_i \text{ (mg/L)} = 1000 \, K_i \, \beta_i \, X_i(BP-P_{H_2O})/760.0. \tag{8}$$

Example 7

Compute the Bunsen coefficients in L/L·atm, mL/L·atm, and mg/L·atm for oxygen, nitrogen, argon, and carbon dioxide at 33.0 C.

Solution

Find values in L/L·atm

β_{O_2}	=	0.02521	(Table 10)
β_{N_2}	=	0.01296	(Table 11)
β_{Ar}	=	0.02772	(Table 12)
β_{CO_2}	=	0.6173	(Table 13)

Compute mL/L·atm values - Equation 3

β_{O_2}	=	(1000)(0.02521)	=	25.21
β_{N_2}	=	(1000)(0.01296)	=	12.96
β_{Ar}	=	(1000)(0.02772)	=	27.72
β_{CO_2}	=	(1000)(0.6173)	=	617.3

Compute mg/L·atm values - Equation 4

β_{O_2}	=	(1000)(1.42903)(0.02521)	=	36.03
β_{N_2}	=	(1000)(1.25043)(0.01296)	=	16.21
β_{Ar}	=	(1000)(1.78419)(0.02772)	=	49.46
β_{CO_2}	=	(1000)(1.97681)(0.6173)	=	1220.28

Summary of results

Gas	L/L·atm	mL/L·atm	mg/L·atm
O_2	0.02521	25.21	36.03
N_2	0.01296	12.96	16.21
Ar	0.02772	27.72	49.46
CO_2	0.6173	617.3	1220.28

Example 8

Compute the solubility of oxygen, nitrogen, argon, and carbon dioxide at 33.0 C in mg/L when the partial pressure of each gas is 760 mm Hg or 1 atmosphere.

Solution

Use the results from Example 7 and Equation 5.

$$C_{O_2} = (36.03)(1) = \underline{36.03 \text{ mg/L}}$$

$$C_{N_2} = (16.21)(1) = \underline{16.21 \text{ mg/L}}$$

$$C_{Ar} = (49.46)(1) = \underline{49.46 \text{ mg/L}}$$

$$C_{CO_2} = (1220.28)(1) = \underline{1220.28 \text{ mg/L}}$$

Example 9

Compute the solubility of oxygen, nitrogen, argon and carbon dioxide in air at 20 C and 760 mm Hg total pressure from Bunsen coefficients and compare the results with Tables 1-4.

Solution

Use Equation 8

$$\beta_{O_2} = 0.03105 \qquad \text{(Table 10)}$$

β_{N_2}	=	0.01559	(Table 11)
β_{Ar}	=	0.03412	(Table 12)
β_{CO_2}	=	0.8705	(Table 13)
BP	=	760.0 mm Hg	(given)
P_{H_2O}	=	17.54 mm Hg	(Table 5)
X_{O_2}	=	0.20946	(inside back cover)
X_{N_2}	=	0.78084	(inside back cover)
X_{Ar}	=	0.00934	(inside back cover)
X_{CO_2}	=	0.000320	(inside back cover)
K_{O_2}	=	1.42903	(inside back cover)
K_{N_2}	=	1.25043	(inside back cover)
K_{Ar}	=	1.78419	(inside back cover)
K_{CO_2}	=	1.97681	(inside back cover)

Oxygen

$$C_{O_2} = (1000)(1.42903)(0.03105)(0.20946)(760.0-17.5)/760.0$$

$$\underline{\underline{C_{O_2} = 9.08 \text{ mg/L}}} \quad \text{vs.} \quad \underline{\underline{C^*_{O_2} = 9.08 \text{ mg/L}}} \qquad \text{(Table 1)}$$

Nitrogen

$$C_{N_2} = (1000)(1.25043)(0.01559)(0.78084)(760.0-17.5)/760.0$$

$$\underline{\underline{C_{N_2} = 14.87 \text{ mg/L}}} \quad \text{vs.} \quad \underline{\underline{C^*_{N_2} = 14.88 \text{ mg/L}}} \qquad \text{(Table 2)}$$

Argon

$$C_{Ar} = (1000)(1.78419)(0.03412)(0.00934)(760.0-17.5)/760.0$$

$$\underline{\underline{C_{Ar} = 0.5555 \text{ mg/L}}} \quad \text{vs.} \quad \underline{\underline{C^*_{Ar} = 0.5557 \text{ mg/L}}} \qquad \text{(Table 3)}$$

Carbon dioxide

C_{CO_2} = (1000)(1.97681)(0.8705)(0.000320)(760.0-17.5)/760.0

C_{CO_2} = 0.5380 mg/L   vs. $C^*_{CO_2}$ = 0.5379 mg/L   (Table 4)

Example 10

Compute the solubility of oxygen when the total pressure is 230.0 mm Hg, temperature is 3 C, and the mole fraction of oxygen is 0.100.

Solution

Use Equation 8.

β_{O_2}	= 0.04529	(Table 10)
K_{O_2}	= 1.42903	(inside back cover)
X_{O_2}	= 0.100	(given)
BP	= 230.0 mm Hg	(given)
P_{H_2O}	= 5.68 mm Hg	(Table 5)
C_{O_2}	= (1000)(1.42903)(0.04529)(0.100)(230.0-5.7)/760.0	
	= 1.91 mg/L	

Table 10. Bunsen Coefficients for Oxygen as a Function of Temperature
(partial pressure of oxygen = 760 mm Hg, salinity = 0.0 ppt)

Temp (C)	0.0	0.1	0.2	0.3	0.4	0.5	0.6	0.7	0.8	0.9
0	.04910	.04896	.04883	.04869	.04856	.04843	.04829	.04816	.04803	.04790
1	.04777	.04764	.04751	.04738	.04725	.04713	.04700	.04687	.04675	.04662
2	.04650	.04638	.04625	.04613	.04601	.04589	.04576	.04564	.04552	.04540
3	.04529	.04517	.04505	.04493	.04482	.04470	.04458	.04447	.04435	.04424
4	.04413	.04401	.04390	.04379	.04368	.04357	.04346	.04335	.04324	.04313
5	.04302	.04291	.04280	.04270	.04259	.04248	.04238	.04227	.04217	.04206
6	.04196	.04186	.04175	.04165	.04155	.04145	.04135	.04124	.04114	.04104
7	.04095	.04085	.04075	.04065	.04055	.04045	.04036	.04026	.04017	.04007
8	.03998	.03988	.03979	.03969	.03960	.03951	.03941	.03932	.03923	.03914
9	.03905	.03896	.03887	.03878	.03869	.03860	.03851	.03842	.03833	.03824
10	.03816	.03807	.03798	.03790	.03781	.03773	.03764	.03756	.03747	.03739
11	.03730	.03722	.03714	.03706	.03697	.03689	.03681	.03673	.03665	.03657
12	.03649	.03641	.03633	.03625	.03617	.03609	.03601	.03594	.03586	.03578
13	.03570	.03563	.03555	.03548	.03540	.03533	.03525	.03518	.03510	.03503
14	.03495	.03488	.03481	.03473	.03466	.03459	.03452	.03445	.03438	.03430
15	.03423	.03416	.03409	.03402	.03395	.03388	.03382	.03375	.03368	.03361
16	.03354	.03348	.03341	.03334	.03327	.03321	.03314	.03308	.03301	.03295
17	.03288	.03282	.03275	.03269	.03262	.03256	.03250	.03243	.03237	.03231
18	.03224	.03218	.03212	.03206	.03200	.03194	.03187	.03181	.03175	.03169
19	.03163	.03157	.03151	.03145	.03140	.03134	.03128	.03122	.03116	.03110
20	.03105	.03099	.03093	.03088	.03082	.03076	.03071	.03065	.03059	.03054
21	.03048	.03043	.03037	.03032	.03026	.03021	.03016	.03010	.03005	.03000
22	.02994	.02989	.02984	.02978	.02973	.02968	.02963	.02958	.02952	.02947
23	.02942	.02937	.02932	.02927	.02922	.02917	.02912	.02907	.02902	.02897
24	.02892	.02887	.02882	.02878	.02873	.02868	.02863	.02858	.02854	.02849
25	.02844	.02840	.02835	.02830	.02826	.02821	.02816	.02812	.02807	.02803
26	.02798	.02794	.02789	.02785	.02780	.02776	.02771	.02767	.02762	.02758
27	.02754	.02749	.02745	.02741	.02736	.02732	.02728	.02724	.02719	.02715
28	.02711	.02707	.02703	.02698	.02694	.02690	.02686	.02682	.02678	.02674
29	.02670	.02666	.02662	.02658	.02654	.02650	.02646	.02642	.02638	.02634
30	.02630	.02627	.02623	.02619	.02615	.02611	.02607	.02604	.02600	.02596
31	.02592	.02589	.02585	.02581	.02578	.02574	.02570	.02567	.02563	.02560
32	.02556	.02552	.02549	.02545	.02542	.02538	.02535	.02531	.02528	.02524
33	.02521	.02517	.02514	.02511	.02507	.02504	.02500	.02497	.02494	.02490
34	.02487	.02484	.02480	.02477	.02474	.02471	.02467	.02464	.02461	.02458
35	.02455	.02451	.02448	.02445	.02442	.02439	.02436	.02433	.02429	.02426
36	.02423	.02420	.02417	.02414	.02411	.02408	.02405	.02402	.02399	.02396
37	.02393	.02390	.02387	.02384	.02381	.02379	.02376	.02373	.02370	.02367
38	.02364	.02361	.02359	.02356	.02353	.02350	.02347	.02345	.02342	.02339
39	.02336	.02334	.02331	.02328	.02326	.02323	.02320	.02318	.02315	.02312
40	.02310	.02307	.02304	.02302	.02299	.02297	.02294	.02292	.02289	.02286

Table 11. Bunsen Coefficients for Nitrogen as a Function of Temperature
(partial pressure of nitrogen = 760 mm Hg, salinity = 0.0 ppt)

Temp (C)	0.0	0.1	0.2	0.3	0.4	0.5	0.6	0.7	0.8	0.9
0	.02374	.02368	.02362	.02356	.02350	.02344	.02338	.02332	.02326	.02320
1	.02314	.02308	.02302	.02297	.02291	.02285	.02280	.02274	.02268	.02263
2	.02257	.02251	.02246	.02240	.02235	.02229	.02224	.02219	.02213	.02208
3	.02202	.02197	.02192	.02187	.02181	.02176	.02171	.02166	.02161	.02155
4	.02150	.02145	.02140	.02135	.02130	.02125	.02120	.02115	.02110	.02105
5	.02100	.02095	.02091	.02086	.02081	.02076	.02071	.02067	.02062	.02057
6	.02053	.02048	.02043	.02039	.02034	.02029	.02025	.02020	.02016	.02011
7	.02007	.02002	.01998	.01994	.01989	.01985	.01980	.01976	.01972	.01967
8	.01963	.01959	.01955	.01950	.01946	.01942	.01938	.01934	.01929	.01925
9	.01921	.01917	.01913	.01909	.01905	.01901	.01897	.01893	.01889	.01885
10	.01881	.01877	.01873	.01869	.01865	.01862	.01858	.01854	.01850	.01846
11	.01842	.01839	.01835	.01831	.01828	.01824	.01820	.01816	.01813	.01809
12	.01806	.01802	.01798	.01795	.01791	.01788	.01784	.01781	.01777	.01774
13	.01770	.01767	.01763	.01760	.01756	.01753	.01750	.01746	.01743	.01740
14	.01736	.01733	.01730	.01726	.01723	.01720	.01717	.01713	.01710	.01707
15	.01704	.01700	.01697	.01694	.01691	.01688	.01685	.01682	.01679	.01675
16	.01672	.01669	.01666	.01663	.01660	.01657	.01654	.01651	.01648	.01645
17	.01642	.01639	.01637	.01634	.01631	.01628	.01625	.01622	.01619	.01616
18	.01614	.01611	.01608	.01605	.01602	.01600	.01597	.01594	.01591	.01589
19	.01586	.01583	.01581	.01578	.01575	.01573	.01570	.01567	.01565	.01562
20	.01559	.01557	.01554	.01552	.01549	.01547	.01544	.01542	.01539	.01536
21	.01534	.01532	.01529	.01527	.01524	.01522	.01519	.01517	.01514	.01512
22	.01510	.01507	.01505	.01502	.01500	.01498	.01495	.01493	.01491	.01488
23	.01486	.01484	.01481	.01479	.01477	.01475	.01472	.01470	.01468	.01466
24	.01463	.01461	.01459	.01457	.01455	.01452	.01450	.01448	.01446	.01444
25	.01442	.01440	.01438	.01435	.01433	.01431	.01429	.01427	.01425	.01423
26	.01421	.01419	.01417	.01415	.01413	.01411	.01409	.01407	.01405	.01403
27	.01401	.01399	.01397	.01395	.01393	.01391	.01389	.01387	.01385	.01384
28	.01382	.01380	.01378	.01376	.01374	.01372	.01370	.01369	.01367	.01365
29	.01363	.01361	.01360	.01358	.01356	.01354	.01352	.01351	.01349	.01347
30	.01345	.01344	.01342	.01340	.01339	.01337	.01335	.01333	.01332	.01330
31	.01328	.01327	.01325	.01323	.01322	.01320	.01318	.01317	.01315	.01314
32	.01312	.01310	.01309	.01307	.01306	.01304	.01302	.01301	.01299	.01298
33	.01296	.01295	.01293	.01292	.01290	.01289	.01287	.01286	.01284	.01283
34	.01281	.01280	.01278	.01277	.01275	.01274	.01272	.01271	.01269	.01268
35	.01267	.01265	.01264	.01262	.01261	.01260	.01258	.01257	.01255	.01254
36	.01253	.01251	.01250	.01249	.01247	.01246	.01245	.01243	.01242	.01241
37	.01239	.01238	.01237	.01235	.01234	.01233	.01231	.01230	.01229	.01228
38	.01226	.01225	.01224	.01223	.01221	.01220	.01219	.01218	.01216	.01215
39	.01214	.01213	.01212	.01210	.01209	.01208	.01207	.01206	.01205	.01203
40	.01202	.01201	.01200	.01199	.01198	.01196	.01195	.01194	.01193	.01192

Table 12. Bunsen Coefficients for Argon as a Function of Temperature
(partial pressure of Argon = 760 mm Hg, salinity = 0.0 ppt)

Temp (C)	0.0	0.1	0.2	0.3	0.4	0.5	0.6	0.7	0.8	0.9
0	.05363	.05349	.05334	.05320	.05305	.05291	.05277	.05263	.05249	.05235
1	.05221	.05207	.05193	.05179	.05165	.05152	.05138	.05124	.05111	.05098
2	.05084	.05071	.05058	.05044	.05031	.05018	.05005	.04992	.04979	.04967
3	.04954	.04941	.04928	.04916	.04903	.04891	.04878	.04866	.04853	.04841
4	.04829	.04817	.04805	.04793	.04781	.04769	.04757	.04745	.04733	.04721
5	.04710	.04698	.04686	.04675	.04663	.04652	.04640	.04629	.04618	.04607
6	.04595	.04584	.04573	.04562	.04551	.04540	.04529	.04518	.04507	.04497
7	.04486	.04475	.04465	.04454	.04443	.04433	.04423	.04412	.04402	.04391
8	.04381	.04371	.04361	.04351	.04340	.04330	.04320	.04310	.04300	.04291
9	.04281	.04271	.04261	.04251	.04242	.04232	.04222	.04213	.04203	.04194
10	.04184	.04175	.04166	.04156	.04147	.04138	.04129	.04119	.04110	.04101
11	.04092	.04083	.04074	.04065	.04056	.04047	.04039	.04030	.04021	.04012
12	.04004	.03995	.03986	.03978	.03969	.03961	.03952	.03944	.03935	.03927
13	.03919	.03910	.03902	.03894	.03886	.03878	.03869	.03861	.03853	.03845
14	.03837	.03829	.03821	.03814	.03806	.03798	.03790	.03782	.03774	.03767
15	.03759	.03751	.03744	.03736	.03729	.03721	.03714	.03706	.03699	.03691
16	.03684	.03677	.03669	.03662	.03655	.03648	.03640	.03633	.03626	.03619
17	.03612	.03605	.03598	.03591	.03584	.03577	.03570	.03563	.03556	.03549
18	.03543	.03536	.03529	.03522	.03516	.03509	.03502	.03496	.03489	.03483
19	.03476	.03470	.03463	.03457	.03450	.03444	.03437	.03431	.03425	.03418
20	.03412	.03406	.03400	.03393	.03387	.03381	.03375	.03369	.03363	.03357
21	.03351	.03345	.03339	.03333	.03327	.03321	.03315	.03309	.03303	.03297
22	.03291	.03286	.03280	.03274	.03268	.03263	.03257	.03251	.03246	.03240
23	.03235	.03229	.03223	.03218	.03212	.03207	.03202	.03196	.03191	.03185
24	.03180	.03175	.03169	.03164	.03159	.03153	.03148	.03143	.03138	.03132
25	.03127	.03122	.03117	.03112	.03107	.03102	.03097	.03092	.03087	.03082
26	.03077	.03072	.03067	.03062	.03057	.03052	.03047	.03042	.03038	.03033
27	.03028	.03023	.03018	.03014	.03009	.03004	.03000	.02995	.02990	.02986
28	.02981	.02977	.02972	.02967	.02963	.02958	.02954	.02949	.02945	.02940
29	.02936	.02932	.02927	.02923	.02918	.02914	.02910	.02905	.02901	.02897
30	.02893	.02888	.02884	.02880	.02876	.02871	.02867	.02863	.02859	.02855
31	.02851	.02847	.02843	.02839	.02835	.02830	.02826	.02822	.02818	.02814
32	.02811	.02807	.02803	.02799	.02795	.02791	.02787	.02783	.02779	.02776
33	.02772	.02768	.02764	.02760	.02757	.02753	.02749	.02746	.02742	.02738
34	.02734	.02731	.02727	.02724	.02720	.02716	.02713	.02709	.02706	.02702
35	.02699	.02695	.02692	.02688	.02685	.02681	.02678	.02674	.02671	.02667
36	.02664	.02661	.02657	.02654	.02650	.02647	.02644	.02640	.02637	.02634
37	.02631	.02627	.02624	.02621	.02618	.02614	.02611	.02608	.02605	.02602
38	.02599	.02595	.02592	.02589	.02586	.02583	.02580	.02577	.02574	.02571
39	.02568	.02565	.02562	.02559	.02556	.02553	.02550	.02547	.02544	.02541
40	.02538	.02535	.02532	.02529	.02526	.02523	.02521	.02518	.02515	.02512

Table 13. Bunsen Coefficients for Carbon Dioxide as a Function of Temperature
(partial pressure of carbon dioxide = 760 mm Hg, salinity = 0.0 ppt)

Temp (C)	0.0	0.1	0.2	0.3	0.4	0.5	0.6	0.7	0.8	0.9
0	1.7272	1.7203	1.7135	1.7068	1.7000	1.6933	1.6867	1.6801	1.6735	1.6670
1	1.6604	1.6540	1.6475	1.6411	1.6347	1.6284	1.6221	1.6158	1.6096	1.6034
2	1.5972	1.5911	1.5850	1.5789	1.5729	1.5669	1.5609	1.5550	1.5490	1.5432
3	1.5373	1.5315	1.5257	1.5199	1.5142	1.5085	1.5029	1.4972	1.4916	1.4860
4	1.4805	1.4750	1.4695	1.4640	1.4586	1.4532	1.4478	1.4424	1.4371	1.4318
5	1.4265	1.4213	1.4161	1.4109	1.4057	1.4006	1.3955	1.3904	1.3854	1.3803
6	1.3753	1.3704	1.3654	1.3605	1.3556	1.3507	1.3459	1.3410	1.3362	1.3314
7	1.3267	1.3220	1.3173	1.3126	1.3079	1.3033	1.2987	1.2941	1.2895	1.2850
8	1.2805	1.2760	1.2715	1.2670	1.2626	1.2582	1.2538	1.2494	1.2451	1.2408
9	1.2365	1.2322	1.2280	1.2237	1.2195	1.2153	1.2111	1.2070	1.2029	1.1988
10	1.1947	1.1906	1.1865	1.1825	1.1785	1.1745	1.1705	1.1666	1.1627	1.1587
11	1.1548	1.1510	1.1471	1.1433	1.1395	1.1357	1.1319	1.1281	1.1244	1.1206
12	1.1169	1.1132	1.1096	1.1059	1.1023	1.0987	1.0951	1.0915	1.0879	1.0843
13	1.0808	1.0773	1.0738	1.0703	1.0668	1.0634	1.0600	1.0565	1.0531	1.0498
14	1.0464	1.0430	1.0397	1.0364	1.0331	1.0298	1.0265	1.0232	1.0200	1.0168
15	1.0136	1.0104	1.0072	1.0040	1.0008	0.9977	0.9946	0.9915	0.9884	0.9853
16	0.9822	0.9792	0.9761	0.9731	0.9701	0.9671	0.9641	0.9612	0.9582	0.9553
17	0.9523	0.9494	0.9465	0.9436	0.9408	0.9379	0.9350	0.9322	0.9294	0.9266
18	0.9238	0.9210	0.9182	0.9155	0.9127	0.9100	0.9073	0.9046	0.9019	0.8992
19	0.8965	0.8939	0.8912	0.8886	0.8860	0.8833	0.8807	0.8782	0.8756	0.8730
20	0.8705	0.8679	0.8654	0.8629	0.8604	0.8579	0.8554	0.8529	0.8504	0.8480
21	0.8455	0.8431	0.8407	0.8383	0.8359	0.8335	0.8311	0.8288	0.8264	0.8240
22	0.8217	0.8194	0.8171	0.8148	0.8125	0.8102	0.8079	0.8056	0.8034	0.8011
23	0.7989	0.7967	0.7945	0.7923	0.7901	0.7879	0.7857	0.7835	0.7814	0.7792
24	0.7771	0.7750	0.7728	0.7707	0.7686	0.7665	0.7644	0.7624	0.7603	0.7582
25	0.7562	0.7542	0.7521	0.7501	0.7481	0.7461	0.7441	0.7421	0.7401	0.7381
26	0.7362	0.7342	0.7323	0.7303	0.7284	0.7265	0.7246	0.7227	0.7208	0.7189
27	0.7170	0.7151	0.7133	0.7114	0.7096	0.7077	0.7059	0.7041	0.7022	0.7004
28	0.6986	0.6968	0.6950	0.6932	0.6915	0.6897	0.6879	0.6862	0.6845	0.6827
29	0.6810	0.6793	0.6775	0.6758	0.6741	0.6724	0.6708	0.6691	0.6674	0.6657
30	0.6641	0.6624	0.6608	0.6591	0.6575	0.6559	0.6543	0.6526	0.6510	0.6494
31	0.6478	0.6463	0.6447	0.6431	0.6415	0.6400	0.6384	0.6369	0.6353	0.6338
32	0.6323	0.6307	0.6292	0.6277	0.6262	0.6247	0.6232	0.6217	0.6203	0.6188
33	0.6173	0.6159	0.6144	0.6129	0.6115	0.6101	0.6086	0.6072	0.6058	0.6044
34	0.6029	0.6015	0.6001	0.5987	0.5974	0.5960	0.5946	0.5932	0.5919	0.5905
35	0.5891	0.5878	0.5864	0.5851	0.5838	0.5824	0.5811	0.5798	0.5785	0.5772
36	0.5759	0.5746	0.5733	0.5720	0.5707	0.5694	0.5682	0.5669	0.5656	0.5644
37	0.5631	0.5619	0.5606	0.5594	0.5582	0.5569	0.5557	0.5545	0.5533	0.5521
38	0.5509	0.5497	0.5485	0.5473	0.5461	0.5449	0.5437	0.5426	0.5414	0.5402
39	0.5391	0.5379	0.5368	0.5356	0.5345	0.5333	0.5322	0.5311	0.5299	0.5288
40	0.5277	0.5266	0.5255	0.5244	0.5233	0.5222	0.5211	0.5200	0.5189	0.5179

COMPUTATION OF GAS TENSION, mm Hg

The partial pressure of a dissolved gas is commonly called gas tension. The gas tension is equal to partial pressure in the gas phase that is in equilibrium with the measured gas concentration. The gas tension will be equal to the normal atmospheric partial pressure (Equation 6) at equilibrium.

The gas tension be computed from the following equation (Colt 1983):

$$\text{gas tension (mm Hg)} = \left[\frac{C_i}{\beta_i}\right] A_i, \qquad (9)$$

where C_i = concentration of ith gas, mg/L;

β_i = Bunsen coefficient of ith gas, L/(L·atm);

A_i = $760/1000 K_i$.

Values of A_i for the four major gases are presented in the inside back cover. Equation 9 can be rearranged to the form:

$$\text{gas tension (mm Hg)} = C_i \left[\frac{A_i}{\beta_i}\right]. \qquad (10)$$

The term within the bracket (F_i) is the conversion factor between mg/L and mm Hg. Values of this factor for fresh water are presented for five gases as a function of temperature in the following tables:

Gas	Table	Page
O_2	14	29
N_2	15	30
Ar	16	31
N_2+Ar	17	32
CO_2	18	33

The gas represented by N_2+Ar is the sum of nitrogen + argon gas. This parameter is measured in some types of gas analysis.

Example 11

Compute the partial pressures of oxygen, nitrogen, argon, and carbon dioxide if each gas has a concentration of 10.5 mg/L at 32 C.

Solution

Use Tables 14-17.

F_{O_2} = 20.807 (Table 14)

F_{N_2} = 46.327 (Table 15)

F_{Ar} = 15.156 (Table 16)

F_{CO_2} = 0.6081 (Table 18)

P_{O_2} = (10.5)(20.807) = 218.5 mm Hg

P_{N_2} = (10.5)(46.327) = 486.4 mm Hg

P_{Ar} = (10.5)(15.156) = 159.1 mm Hg

P_{CO_2} = (10.5)(0.6081) = 6.4 mm Hg

Table 14. Oxygen - mm Hg per mg/L as a Function of Temperature
(salinity = 0.0 ppt)

Temp (C)	0.0	0.1	0.2	0.3	0.4	0.5	0.6	0.7	0.8	0.9
0	10.832	10.862	10.892	10.922	10.952	10.982	11.013	11.043	11.073	11.103
1	11.133	11.164	11.194	11.224	11.255	11.285	11.316	11.346	11.376	11.407
2	11.437	11.468	11.499	11.529	11.560	11.590	11.621	11.652	11.682	11.713
3	11.744	11.775	11.805	11.836	11.867	11.898	11.929	11.959	11.990	12.021
4	12.052	12.083	12.114	12.145	12.176	12.207	12.238	12.269	12.300	12.332
5	12.363	12.394	12.425	12.456	12.487	12.519	12.550	12.581	12.612	12.644
6	12.675	12.706	12.738	12.769	12.800	12.832	12.863	12.894	12.926	12.957
7	12.989	13.020	13.052	13.083	13.115	13.146	13.178	13.209	13.241	13.272
8	13.304	13.336	13.367	13.399	13.431	13.462	13.494	13.525	13.557	13.589
9	13.621	13.652	13.684	13.716	13.747	13.779	13.811	13.843	13.875	13.906
10	13.938	13.970	14.002	14.034	14.065	14.097	14.129	14.161	14.193	14.225
11	14.257	14.288	14.320	14.352	14.384	14.416	14.448	14.480	14.512	14.544
12	14.576	14.608	14.640	14.672	14.703	14.735	14.767	14.799	14.831	14.863
13	14.895	14.927	14.959	14.991	15.023	15.055	15.087	15.119	15.151	15.183
14	15.215	15.247	15.279	15.311	15.343	15.375	15.407	15.439	15.471	15.503
15	15.535	15.567	15.599	15.631	15.663	15.695	15.727	15.759	15.791	15.823
16	15.855	15.887	15.919	15.951	15.983	16.015	16.047	16.079	16.111	16.143
17	16.175	16.207	16.239	16.270	16.302	16.334	16.366	16.398	16.430	16.462
18	16.494	16.526	16.558	16.589	16.621	16.653	16.685	16.717	16.749	16.780
19	16.812	16.844	16.876	16.908	16.939	16.971	17.003	17.035	17.066	17.098
20	17.130	17.162	17.193	17.225	17.257	17.288	17.320	17.352	17.383	17.415
21	17.446	17.478	17.510	17.541	17.573	17.604	17.636	17.667	17.699	17.730
22	17.762	17.793	17.825	17.856	17.888	17.919	17.950	17.982	18.013	18.044
23	18.076	18.107	18.138	18.170	18.201	18.232	18.263	18.295	18.326	18.357
24	18.388	18.419	18.450	18.481	18.512	18.544	18.575	18.606	18.637	18.668
25	18.699	18.730	18.760	18.791	18.822	18.853	18.884	18.915	18.946	18.976
26	19.007	19.038	19.069	19.099	19.130	19.161	19.191	19.222	19.252	19.283
27	19.314	19.344	19.375	19.405	19.435	19.466	19.496	19.527	19.557	19.587
28	19.618	19.648	19.678	19.708	19.739	19.769	19.799	19.829	19.859	19.889
29	19.919	19.949	19.979	20.009	20.039	20.069	20.099	20.129	20.159	20.188
30	20.218	20.248	20.278	20.307	20.337	20.367	20.396	20.426	20.455	20.485
31	20.514	20.544	20.573	20.603	20.632	20.661	20.691	20.720	20.749	20.778
32	20.807	20.837	20.866	20.895	20.924	20.953	20.982	21.011	21.040	21.069
33	21.097	21.126	21.155	21.184	21.212	21.241	21.270	21.298	21.327	21.356
34	21.384	21.413	21.441	21.469	21.498	21.526	21.554	21.583	21.611	21.639
35	21.667	21.695	21.723	21.752	21.780	21.808	21.835	21.863	21.891	21.919
36	21.947	21.975	22.002	22.030	22.058	22.085	22.113	22.140	22.168	22.195
37	22.223	22.250	22.277	22.305	22.332	22.359	22.386	22.413	22.441	22.468
38	22.495	22.522	22.549	22.575	22.602	22.629	22.656	22.683	22.709	22.736
39	22.762	22.789	22.816	22.842	22.868	22.895	22.921	22.948	22.974	23.000
40	23.026	23.052	23.078	23.105	23.131	23.156	23.182	23.208	23.234	23.260

Table 15. Nitrogen – mm Hg per mg/L as a Function of Temperature
(salinity = 0.0 ppt)

Temp (C)	0.0	0.1	0.2	0.3	0.4	0.5	0.6	0.7	0.8	0.9
0	25.604	25.670	25.736	25.802	25.868	25.934	26.000	26.066	26.133	26.199
1	26.265	26.331	26.398	26.464	26.530	26.597	26.663	26.730	26.796	26.863
2	26.929	26.996	27.062	27.129	27.196	27.262	27.329	27.396	27.462	27.529
3	27.596	27.663	27.730	27.797	27.864	27.931	27.998	28.065	28.132	28.199
4	28.266	28.333	28.400	28.467	28.534	28.601	28.668	28.736	28.803	28.870
5	28.937	29.005	29.072	29.139	29.206	29.274	29.341	29.409	29.476	29.543
6	29.611	29.678	29.745	29.813	29.880	29.948	30.015	30.083	30.150	30.218
7	30.285	30.353	30.420	30.488	30.555	30.623	30.690	30.758	30.826	30.893
8	30.961	31.028	31.096	31.163	31.231	31.299	31.366	31.434	31.501	31.569
9	31.637	31.704	31.772	31.839	31.907	31.974	32.042	32.110	32.177	32.245
10	32.312	32.380	32.447	32.515	32.582	32.650	32.718	32.785	32.853	32.920
11	32.988	33.055	33.123	33.190	33.257	33.325	33.392	33.460	33.527	33.595
12	33.662	33.729	33.797	33.864	33.931	33.999	34.066	34.133	34.201	34.268
13	34.335	34.402	34.470	34.537	34.604	34.671	34.738	34.805	34.872	34.939
14	35.006	35.073	35.140	35.207	35.274	35.341	35.408	35.475	35.542	35.609
15	35.676	35.742	35.809	35.876	35.943	36.009	36.076	36.142	36.209	36.276
16	36.342	36.409	36.475	36.542	36.608	36.674	36.741	36.807	36.873	36.939
17	37.006	37.072	37.138	37.204	37.270	37.336	37.402	37.468	37.534	37.600
18	37.666	37.732	37.797	37.863	37.929	37.994	38.060	38.126	38.191	38.257
19	38.322	38.387	38.453	38.518	38.583	38.649	38.714	38.779	38.844	38.909
20	38.974	39.039	39.104	39.169	39.234	39.298	39.363	39.428	39.492	39.557
21	39.621	39.686	39.750	39.815	39.879	39.943	40.007	40.072	40.136	40.200
22	40.264	40.328	40.391	40.455	40.519	40.583	40.646	40.710	40.774	40.837
23	40.901	40.964	41.027	41.090	41.154	41.217	41.280	41.343	41.406	41.469
24	41.532	41.594	41.657	41.720	41.782	41.845	41.907	41.970	42.032	42.094
25	42.156	42.219	42.281	42.343	42.405	42.466	42.528	42.590	42.652	42.713
26	42.775	42.836	42.898	42.959	43.020	43.081	43.142	43.203	43.264	43.325
27	43.386	43.447	43.508	43.568	43.629	43.689	43.749	43.810	43.870	43.930
28	43.990	44.050	44.110	44.170	44.230	44.289	44.349	44.409	44.468	44.527
29	44.587	44.646	44.705	44.764	44.823	44.882	44.941	45.000	45.058	45.117
30	45.175	45.234	45.292	45.350	45.408	45.466	45.524	45.582	45.640	45.698
31	45.756	45.813	45.871	45.928	45.985	46.042	46.100	46.157	46.214	46.270
32	46.327	46.384	46.440	46.497	46.553	46.610	46.666	46.722	46.778	46.834
33	46.890	46.946	47.001	47.057	47.113	47.168	47.223	47.278	47.334	47.389
34	47.444	47.498	47.553	47.608	47.662	47.717	47.771	47.825	47.880	47.934
35	47.988	48.042	48.095	48.149	48.203	48.256	48.309	48.363	48.416	48.469
36	48.522	48.575	48.628	48.680	48.733	48.785	48.838	48.890	48.942	48.994
37	49.046	49.098	49.150	49.202	49.253	49.305	49.356	49.407	49.458	49.510
38	49.560	49.611	49.662	49.713	49.763	49.814	49.864	49.914	49.964	50.014
39	50.064	50.114	50.163	50.213	50.262	50.312	50.361	50.410	50.459	50.508
40	50.557	50.605	50.654	50.702	50.751	50.799	50.847	50.895	50.943	50.991

Table 16. Argon - mm Hg per mg/L as a Function of Temperature
(salinity = 0.0 ppt)

Temp (C)	0.0	0.1	0.2	0.3	0.4	0.5	0.6	0.7	0.8	0.9
0	7.942	7.964	7.985	8.007	8.029	8.050	8.072	8.094	8.116	8.137
1	8.159	8.181	8.203	8.225	8.247	8.269	8.290	8.312	8.334	8.356
2	8.378	8.400	8.422	8.444	8.466	8.488	8.510	8.532	8.555	8.577
3	8.599	8.621	8.643	8.665	8.687	8.710	8.732	8.754	8.776	8.799
4	8.821	8.843	8.866	8.888	8.910	8.933	8.955	8.977	9.000	9.022
5	9.045	9.067	9.089	9.112	9.134	9.157	9.179	9.202	9.224	9.247
6	9.269	9.292	9.315	9.337	9.360	9.382	9.405	9.428	9.450	9.473
7	9.496	9.518	9.541	9.564	9.586	9.609	9.632	9.654	9.677	9.700
8	9.723	9.745	9.768	9.791	9.814	9.837	9.859	9.882	9.905	9.928
9	9.951	9.974	9.996	10.019	10.042	10.065	10.088	10.111	10.134	10.157
10	10.180	10.203	10.226	10.248	10.271	10.294	10.317	10.340	10.363	10.386
11	10.409	10.432	10.455	10.478	10.501	10.524	10.547	10.570	10.593	10.616
12	10.639	10.662	10.685	10.708	10.731	10.755	10.778	10.801	10.824	10.847
13	10.870	10.893	10.916	10.939	10.962	10.985	11.008	11.031	11.054	11.078
14	11.101	11.124	11.147	11.170	11.193	11.216	11.239	11.262	11.285	11.308
15	11.332	11.355	11.378	11.401	11.424	11.447	11.470	11.493	11.516	11.539
16	11.563	11.586	11.609	11.632	11.655	11.678	11.701	11.724	11.747	11.770
17	11.793	11.816	11.840	11.863	11.886	11.909	11.932	11.955	11.978	12.001
18	12.024	12.047	12.070	12.093	12.116	12.139	12.162	12.185	12.208	12.231
19	12.254	12.277	12.300	12.323	12.346	12.369	12.392	12.415	12.438	12.461
20	12.484	12.507	12.530	12.553	12.576	12.599	12.622	12.644	12.667	12.690
21	12.713	12.736	12.759	12.782	12.805	12.827	12.850	12.873	12.896	12.919
22	12.941	12.964	12.987	13.010	13.033	13.055	13.078	13.101	13.124	13.146
23	13.169	13.192	13.214	13.237	13.260	13.282	13.305	13.328	13.350	13.373
24	13.395	13.418	13.441	13.463	13.486	13.508	13.531	13.553	13.576	13.598
25	13.621	13.643	13.666	13.688	13.711	13.733	13.755	13.778	13.800	13.822
26	13.845	13.867	13.889	13.912	13.934	13.956	13.979	14.001	14.023	14.045
27	14.067	14.090	14.112	14.134	14.156	14.178	14.200	14.222	14.245	14.267
28	14.289	14.311	14.333	14.355	14.377	14.399	14.421	14.443	14.464	14.486
29	14.508	14.530	14.552	14.574	14.596	14.617	14.639	14.661	14.683	14.704
30	14.726	14.748	14.769	14.791	14.813	14.834	14.856	14.877	14.899	14.920
31	14.942	14.963	14.985	15.006	15.028	15.049	15.071	15.092	15.113	15.135
32	15.156	15.177	15.198	15.220	15.241	15.262	15.283	15.304	15.326	15.347
33	15.368	15.389	15.410	15.431	15.452	15.473	15.494	15.515	15.536	15.557
34	15.578	15.598	15.619	15.640	15.661	15.682	15.702	15.723	15.744	15.764
35	15.785	15.806	15.826	15.847	15.867	15.888	15.908	15.929	15.949	15.970
36	15.990	16.010	16.031	16.051	16.071	16.092	16.112	16.132	16.152	16.172
37	16.192	16.213	16.233	16.253	16.273	16.293	16.313	16.333	16.353	16.373
38	16.392	16.412	16.432	16.452	16.472	16.491	16.511	16.531	16.550	16.570
39	16.590	16.609	16.629	16.648	16.668	16.687	16.707	16.726	16.745	16.765
40	16.784	16.803	16.823	16.842	16.861	16.880	16.899	16.918	16.938	16.957

Table 17. Nitrogen + Argon - mm Hg per mg/L as a Function of Temperature
(salinity = 0.0 ppt)

Temp (C)	0.0	0.1	0.2	0.3	0.4	0.5	0.6	0.7	0.8	0.9
0	24.948	25.013	25.077	25.142	25.206	25.271	25.335	25.400	25.464	25.529
1	25.594	25.658	25.723	25.788	25.853	25.918	25.982	26.047	26.112	26.177
2	26.242	26.307	26.372	26.437	26.503	26.568	26.633	26.698	26.763	26.829
3	26.894	26.959	27.024	27.090	27.155	27.221	27.286	27.351	27.417	27.482
4	27.548	27.613	27.679	27.745	27.810	27.876	27.941	28.007	28.073	28.138
5	28.204	28.270	28.336	28.401	28.467	28.533	28.599	28.664	28.730	28.796
6	28.862	28.928	28.994	29.060	29.126	29.192	29.257	29.323	29.389	29.455
7	29.521	29.587	29.653	29.719	29.785	29.851	29.917	29.983	30.049	30.115
8	30.181	30.247	30.314	30.380	30.446	30.512	30.578	30.644	30.710	30.776
9	30.842	30.908	30.974	31.040	31.106	31.172	31.238	31.305	31.371	31.437
10	31.503	31.569	31.635	31.701	31.767	31.833	31.899	31.965	32.031	32.097
11	32.163	32.229	32.295	32.361	32.427	32.493	32.559	32.625	32.691	32.757
12	32.822	32.888	32.954	33.020	33.086	33.152	33.218	33.283	33.349	33.415
13	33.481	33.547	33.612	33.678	33.744	33.809	33.875	33.941	34.006	34.072
14	34.137	34.203	34.269	34.334	34.400	34.465	34.531	34.596	34.661	34.727
15	34.792	34.857	34.923	34.988	35.053	35.119	35.184	35.249	35.314	35.379
16	35.444	35.509	35.574	35.639	35.704	35.769	35.834	35.899	35.964	36.029
17	36.094	36.158	36.223	36.288	36.352	36.417	36.482	36.546	36.611	36.675
18	36.740	36.804	36.868	36.933	36.997	37.061	37.126	37.190	37.254	37.318
19	37.382	37.446	37.510	37.574	37.638	37.702	37.766	37.829	37.893	37.957
20	38.020	38.084	38.148	38.211	38.275	38.338	38.401	38.465	38.528	38.591
21	38.654	38.717	38.781	38.844	38.907	38.969	39.032	39.095	39.158	39.221
22	39.283	39.346	39.409	39.471	39.534	39.596	39.658	39.721	39.783	39.845
23	39.907	39.969	40.031	40.093	40.155	40.217	40.279	40.341	40.402	40.464
24	40.525	40.587	40.648	40.710	40.771	40.832	40.894	40.955	41.016	41.077
25	41.138	41.199	41.259	41.320	41.381	41.442	41.502	41.563	41.623	41.683
26	41.744	41.804	41.864	41.924	41.984	42.044	42.104	42.164	42.224	42.283
27	42.343	42.403	42.462	42.521	42.581	42.640	42.699	42.758	42.817	42.876
28	42.935	42.994	43.053	43.112	43.170	43.229	43.287	43.346	43.404	43.462
29	43.520	43.578	43.636	43.694	43.752	43.810	43.868	43.925	43.983	44.040
30	44.097	44.155	44.212	44.269	44.326	44.383	44.440	44.497	44.554	44.610
31	44.667	44.723	44.780	44.836	44.892	44.948	45.004	45.060	45.116	45.172
32	45.228	45.283	45.339	45.394	45.450	45.505	45.560	45.615	45.670	45.725
33	45.780	45.835	45.889	45.944	45.999	46.053	46.107	46.161	46.216	46.270
34	46.323	46.377	46.431	46.485	46.538	46.592	46.645	46.698	46.752	46.805
35	46.858	46.911	46.963	47.016	47.069	47.121	47.174	47.226	47.278	47.331
36	47.383	47.435	47.486	47.538	47.590	47.641	47.693	47.744	47.795	47.847
37	47.898	47.949	48.000	48.050	48.101	48.152	48.202	48.252	48.303	48.353
38	48.403	48.453	48.503	48.552	48.602	48.652	48.701	48.750	48.800	48.849
39	48.898	48.947	48.996	49.044	49.093	49.141	49.190	49.238	49.286	49.334
40	49.382	49.430	49.478	49.526	49.573	49.621	49.668	49.715	49.762	49.809

Table 18. Carbon Dioxide - mm Hg per mg/L as a Function of Temperature
(salinity = 0.0 ppt)

Temp (C)	0.0	0.1	0.2	0.3	0.4	0.5	0.6	0.7	0.8	0.9
0	0.2226	0.2235	0.2244	0.2253	0.2261	0.2270	0.2279	0.2288	0.2297	0.2306
1	0.2315	0.2324	0.2334	0.2343	0.2352	0.2361	0.2370	0.2379	0.2389	0.2398
2	0.2407	0.2416	0.2426	0.2435	0.2444	0.2454	0.2463	0.2472	0.2482	0.2491
3	0.2501	0.2510	0.2520	0.2529	0.2539	0.2549	0.2558	0.2568	0.2577	0.2587
4	0.2597	0.2607	0.2616	0.2626	0.2636	0.2646	0.2655	0.2665	0.2675	0.2685
5	0.2695	0.2705	0.2715	0.2725	0.2735	0.2745	0.2755	0.2765	0.2775	0.2785
6	0.2795	0.2806	0.2816	0.2826	0.2836	0.2846	0.2857	0.2867	0.2877	0.2888
7	0.2898	0.2908	0.2919	0.2929	0.2939	0.2950	0.2960	0.2971	0.2981	0.2992
8	0.3003	0.3013	0.3024	0.3034	0.3045	0.3056	0.3066	0.3077	0.3088	0.3098
9	0.3109	0.3120	0.3131	0.3142	0.3153	0.3163	0.3174	0.3185	0.3196	0.3207
10	0.3218	0.3229	0.3240	0.3251	0.3262	0.3273	0.3284	0.3296	0.3307	0.3318
11	0.3329	0.3340	0.3352	0.3363	0.3374	0.3385	0.3397	0.3408	0.3419	0.3431
12	0.3442	0.3453	0.3465	0.3476	0.3488	0.3499	0.3511	0.3522	0.3534	0.3546
13	0.3557	0.3569	0.3580	0.3592	0.3604	0.3615	0.3627	0.3639	0.3651	0.3662
14	0.3674	0.3686	0.3698	0.3710	0.3722	0.3733	0.3745	0.3757	0.3769	0.3781
15	0.3793	0.3805	0.3817	0.3829	0.3841	0.3853	0.3866	0.3878	0.3890	0.3902
16	0.3914	0.3926	0.3939	0.3951	0.3963	0.3975	0.3988	0.4000	0.4012	0.4025
17	0.4037	0.4049	0.4062	0.4074	0.4087	0.4099	0.4112	0.4124	0.4137	0.4149
18	0.4162	0.4174	0.4187	0.4200	0.4212	0.4225	0.4238	0.4250	0.4263	0.4276
19	0.4288	0.4301	0.4314	0.4327	0.4339	0.4352	0.4365	0.4378	0.4391	0.4404
20	0.4417	0.4430	0.4443	0.4456	0.4469	0.4482	0.4495	0.4508	0.4521	0.4534
21	0.4547	0.4560	0.4573	0.4586	0.4599	0.4613	0.4626	0.4639	0.4652	0.4665
22	0.4679	0.4692	0.4705	0.4719	0.4732	0.4745	0.4759	0.4772	0.4785	0.4799
23	0.4812	0.4826	0.4839	0.4853	0.4866	0.4880	0.4893	0.4907	0.4920	0.4934
24	0.4947	0.4961	0.4975	0.4988	0.5002	0.5016	0.5029	0.5043	0.5057	0.5070
25	0.5084	0.5098	0.5112	0.5125	0.5139	0.5153	0.5167	0.5181	0.5195	0.5208
26	0.5222	0.5236	0.5250	0.5264	0.5278	0.5292	0.5306	0.5320	0.5334	0.5348
27	0.5362	0.5376	0.5390	0.5404	0.5418	0.5432	0.5447	0.5461	0.5475	0.5489
28	0.5503	0.5517	0.5532	0.5546	0.5560	0.5574	0.5588	0.5603	0.5617	0.5631
29	0.5646	0.5660	0.5674	0.5689	0.5703	0.5717	0.5732	0.5746	0.5761	0.5775
30	0.5789	0.5804	0.5818	0.5833	0.5847	0.5862	0.5876	0.5891	0.5905	0.5920
31	0.5934	0.5949	0.5964	0.5978	0.5993	0.6007	0.6022	0.6037	0.6051	0.6066
32	0.6081	0.6095	0.6110	0.6125	0.6139	0.6154	0.6169	0.6184	0.6198	0.6213
33	0.6228	0.6243	0.6258	0.6272	0.6287	0.6302	0.6317	0.6332	0.6347	0.6361
34	0.6376	0.6391	0.6406	0.6421	0.6436	0.6451	0.6466	0.6481	0.6496	0.6511
35	0.6526	0.6541	0.6556	0.6571	0.6586	0.6601	0.6616	0.6631	0.6646	0.6661
36	0.6676	0.6691	0.6706	0.6721	0.6736	0.6752	0.6767	0.6782	0.6797	0.6812
37	0.6827	0.6842	0.6858	0.6873	0.6888	0.6903	0.6918	0.6934	0.6949	0.6964
38	0.6979	0.6994	0.7010	0.7025	0.7040	0.7056	0.7071	0.7086	0.7101	0.7117
39	0.7132	0.7147	0.7163	0.7178	0.7193	0.7209	0.7224	0.7239	0.7255	0.7270
40	0.7285	0.7301	0.7316	0.7332	0.7347	0.7362	0.7378	0.7393	0.7409	0.7424

COMPUTATION OF GAS SOLUBILITY AS A FUNCTION OF BAROMETRIC PRESSURE

The solubility of gases at different barometric pressures can be computed from Equation 1 for air-solubility values or Equations 7 and 8 for Bunsen coefficients. The local barometric pressure reported by the government or commercial weather services may be reduced to a sea level datum. This value is computed to remove the effect of station elevation on the reported barometric pressure and, therefore, cannot be used in these computations. The solubility of oxygen as functions of barometric pressure (735 to 780 mm Hg) and temperature (0 to 40 C) is presented in Table 19. The solubility of any gas as functions of barometric pressure and temperature can be adjusted with the factors in Table 20, which are equal to $(BP-P_{H_2O})/(760-P_{H_2O})$.

Example 12

If the barometric pressure drops from 760 to 740 mm Hg (temperature = 17.0 C, salinity = 0 ppt), how much would the air solubility of oxygen decrease?

Solution

Use Table 19.

$$\left[\frac{9.65 - 9.39}{9.65}\right] 100 = \underline{2.7 \text{ percent}}$$

Example 13

Compute the solubility of nitrogen in mg/L at a barometric pressure equal to 740 mm Hg (temperature = 4 C).

Solution

C^*_{760} = 20.82 mg/L   (Table 2)

Solubility factor = 0.9735   (Table 20)

C^*_{740} = (20.82)(0.9735) = $\underline{20.27 \text{ mg/L}}$

Table 19. The Solubility of Oxygen in mg/L as Functions of Barometric Pressure and Temperature (salinity = 0.0. ppt)

Temp (C)	Barometric Pressure, mm Hg									
	735	740	745	750	755	760	765	770	775	780
0	14.119	14.215	14.312	14.409	14.505	14.602	14.699	14.795	14.892	14.988
1	13.728	13.822	13.916	14.010	14.104	14.198	14.293	14.387	14.481	14.575
2	13.356	13.447	13.539	13.630	13.722	13.813	13.905	13.996	14.088	14.179
3	13.000	13.089	13.178	13.267	13.356	13.445	13.535	13.624	13.713	13.802
4	12.660	12.746	12.833	12.920	13.007	13.094	13.181	13.267	13.354	13.441
5	12.334	12.419	12.503	12.588	12.673	12.757	12.842	12.927	13.011	13.096
6	12.023	12.105	12.188	12.270	12.353	12.436	12.518	12.601	12.683	12.766
7	11.724	11.805	11.886	11.966	12.047	12.127	12.208	12.288	12.369	12.450
8	11.439	11.517	11.596	11.675	11.753	11.832	11.911	11.989	12.068	12.147
9	11.164	11.241	11.318	11.395	11.472	11.549	11.626	11.702	11.779	11.856
10	10.902	10.977	11.052	11.127	11.202	11.277	11.352	11.427	11.502	11.577
11	10.649	10.723	10.796	10.870	10.943	11.016	11.090	11.163	11.237	11.310
12	10.407	10.479	10.551	10.622	10.694	10.766	10.838	10.910	10.981	11.053
13	10.174	10.244	10.315	10.385	10.455	10.525	10.596	10.666	10.736	10.807
14	9.950	10.019	10.088	10.157	10.225	10.294	10.363	10.432	10.501	10.569
15	9.735	9.802	9.869	9.937	10.004	10.072	10.139	10.206	10.274	10.341
16	9.527	9.593	9.659	9.725	9.791	9.858	9.924	9.990	10.056	10.122
17	9.328	9.392	9.457	9.522	9.587	9.651	9.716	9.781	9.846	9.910
18	9.135	9.199	9.262	9.326	9.389	9.453	9.516	9.580	9.643	9.707
19	8.950	9.012	9.074	9.137	9.199	9.261	9.323	9.386	9.448	9.510
20	8.771	8.832	8.893	8.954	9.015	9.077	9.138	9.199	9.260	9.321
21	8.598	8.658	8.718	8.778	8.838	8.898	8.958	9.018	9.078	9.138
22	8.432	8.490	8.549	8.608	8.667	8.726	8.785	8.844	8.903	8.962
23	8.270	8.328	8.386	8.444	8.502	8.560	8.618	8.676	8.734	8.792
24	8.115	8.172	8.229	8.286	8.343	8.400	8.456	8.513	8.570	8.627
25	7.964	8.020	8.076	8.132	8.188	8.244	8.300	8.356	8.412	8.468
26	7.819	7.874	7.929	7.984	8.039	8.094	8.149	8.204	8.259	8.314
27	7.678	7.732	7.786	7.840	7.894	7.949	8.003	8.057	8.111	8.165
28	7.541	7.594	7.648	7.701	7.754	7.808	7.861	7.915	7.968	8.021
29	7.409	7.461	7.514	7.566	7.619	7.671	7.724	7.777	7.829	7.882
30	7.280	7.332	7.384	7.436	7.487	7.539	7.591	7.643	7.695	7.746
31	7.156	7.207	7.258	7.309	7.360	7.411	7.462	7.513	7.564	7.615
32	7.035	7.085	7.136	7.186	7.236	7.287	7.337	7.387	7.438	7.488
33	6.918	6.967	7.017	7.067	7.116	7.166	7.216	7.265	7.315	7.364
34	6.804	6.853	6.902	6.951	7.000	7.049	7.098	7.147	7.195	7.244
35	6.693	6.742	6.790	6.838	6.886	6.935	6.983	7.031	7.080	7.128
36	6.586	6.633	6.681	6.729	6.776	6.824	6.872	6.919	6.967	7.015
37	6.481	6.528	6.575	6.622	6.669	6.716	6.763	6.810	6.858	6.905
38	6.379	6.425	6.472	6.518	6.565	6.612	6.658	6.705	6.751	6.798
39	6.279	6.325	6.371	6.417	6.463	6.509	6.556	6.602	6.648	6.694
40	6.183	6.228	6.274	6.319	6.365	6.410	6.456	6.501	6.547	6.592

Table 20. The Solubility Factors of Gases as Functions of Barometric Pressure and Temperature (salinity = 0.0 ppt)

Temp (C)	Barometric Pressure, mm Hg									
	735	740	745	750	755	760	765	770	775	780
0	0.9669	0.9735	0.9801	0.9868	0.9934	1.0000	1.0066	1.0132	1.0199	1.0265
1	0.9669	0.9735	0.9801	0.9868	0.9934	1.0000	1.0066	1.0132	1.0199	1.0265
2	0.9669	0.9735	0.9801	0.9867	0.9934	1.0000	1.0066	1.0133	1.0199	1.0265
3	0.9669	0.9735	0.9801	0.9867	0.9934	1.0000	1.0066	1.0133	1.0199	1.0265
4	0.9668	0.9735	0.9801	0.9867	0.9934	1.0000	1.0066	1.0133	1.0199	1.0265
5	0.9668	0.9735	0.9801	0.9867	0.9934	1.0000	1.0066	1.0133	1.0199	1.0265
6	0.9668	0.9734	0.9801	0.9867	0.9934	1.0000	1.0066	1.0133	1.0199	1.0266
7	0.9668	0.9734	0.9801	0.9867	0.9934	1.0000	1.0066	1.0133	1.0199	1.0266
8	0.9668	0.9734	0.9801	0.9867	0.9934	1.0000	1.0066	1.0133	1.0199	1.0266
9	0.9667	0.9734	0.9800	0.9867	0.9933	1.0000	1.0067	1.0133	1.0200	1.0266
10	0.9667	0.9734	0.9800	0.9867	0.9933	1.0000	1.0067	1.0133	1.0200	1.0266
11	0.9667	0.9733	0.9800	0.9867	0.9933	1.0000	1.0067	1.0133	1.0200	1.0267
12	0.9666	0.9733	0.9800	0.9867	0.9933	1.0000	1.0067	1.0133	1.0200	1.0267
13	0.9666	0.9733	0.9800	0.9866	0.9933	1.0000	1.0067	1.0134	1.0200	1.0267
14	0.9666	0.9733	0.9799	0.9866	0.9933	1.0000	1.0067	1.0134	1.0201	1.0267
15	0.9665	0.9732	0.9799	0.9866	0.9933	1.0000	1.0067	1.0134	1.0201	1.0268
16	0.9665	0.9732	0.9799	0.9866	0.9933	1.0000	1.0067	1.0134	1.0201	1.0268
17	0.9665	0.9732	0.9799	0.9866	0.9933	1.0000	1.0067	1.0134	1.0201	1.0268
18	0.9664	0.9731	0.9799	0.9866	0.9933	1.0000	1.0067	1.0134	1.0201	1.0269
19	0.9664	0.9731	0.9798	0.9866	0.9933	1.0000	1.0067	1.0134	1.0202	1.0269
20	0.9663	0.9731	0.9798	0.9865	0.9933	1.0000	1.0067	1.0135	1.0202	1.0269
21	0.9663	0.9730	0.9798	0.9865	0.9933	1.0000	1.0067	1.0135	1.0202	1.0270
22	0.9662	0.9730	0.9797	0.9865	0.9932	1.0000	1.0068	1.0135	1.0203	1.0270
23	0.9662	0.9729	0.9797	0.9865	0.9932	1.0000	1.0068	1.0135	1.0203	1.0271
24	0.9661	0.9729	0.9797	0.9864	0.9932	1.0000	1.0068	1.0136	1.0203	1.0271
25	0.9660	0.9728	0.9796	0.9864	0.9932	1.0000	1.0068	1.0136	1.0204	1.0272
26	0.9660	0.9728	0.9796	0.9864	0.9932	1.0000	1.0068	1.0136	1.0204	1.0272
27	0.9659	0.9727	0.9795	0.9864	0.9932	1.0000	1.0068	1.0136	1.0205	1.0273
28	0.9658	0.9727	0.9795	0.9863	0.9932	1.0000	1.0068	1.0137	1.0205	1.0273
29	0.9658	0.9726	0.9795	0.9863	0.9932	1.0000	1.0068	1.0137	1.0205	1.0274
30	0.9657	0.9725	0.9794	0.9863	0.9931	1.0000	1.0069	1.0137	1.0206	1.0275
31	0.9656	0.9725	0.9793	0.9862	0.9931	1.0000	1.0069	1.0138	1.0207	1.0275
32	0.9655	0.9724	0.9793	0.9862	0.9931	1.0000	1.0069	1.0138	1.0207	1.0276
33	0.9654	0.9723	0.9792	0.9862	0.9931	1.0000	1.0069	1.0138	1.0208	1.0277
34	0.9653	0.9722	0.9792	0.9861	0.9931	1.0000	1.0069	1.0139	1.0208	1.0278
35	0.9652	0.9721	0.9791	0.9861	0.9930	1.0000	1.0070	1.0139	1.0209	1.0279
36	0.9651	0.9720	0.9790	0.9860	0.9930	1.0000	1.0070	1.0140	1.0210	1.0280
37	0.9649	0.9719	0.9790	0.9860	0.9930	1.0000	1.0070	1.0140	1.0210	1.0281
38	0.9648	0.9718	0.9789	0.9859	0.9930	1.0000	1.0070	1.0141	1.0211	1.0282
39	0.9647	0.9717	0.9788	0.9859	0.9929	1.0000	1.0071	1.0141	1.0212	1.0283
40	0.9645	0.9716	0.9787	0.9858	0.9929	1.0000	1.0071	1.0142	1.0213	1.0284

COMPUTATION OF GAS SOLUBILITY AS A FUNCTION OF ELEVATION

The solubility of gases at any elevation can be computed from Equations 1, 7, or 8 if the barometric pressure at that elevation is known. If barometric pressure cannot be measured directly, it can be calculated by reference to a second locality whose elevation and barometric pressure are known (Stringer 1972):

$$\log_{10} BP = \log_{10} BP_o - \frac{h-h_o}{kT_a} ; \qquad (11)$$

where h and h_o = elevation in meters above sea level at the station in question and the reference station, respectively;

BP and BP_o = pressure at the two stations in mm Hg;

k = 67.4;

T_a = average of the absolute air temperatures (273 + C) between the two stations.

The reference station most commonly used is sea level, for which

h_o = 0 (sea level),

BP_o = 760 mm Hg, and

T_a = 293 K (20 C).

For these conditions,

$$\log_{10} BP = 2.880814 - \frac{h}{19,748.2} . \qquad (12)$$

In the United States, most topographic maps show elevation in feet. These could be converted to meters (see inside back cover), for which Equation 12 would be valid, but it may be more convenient to use a modification of this equation. In this case, h_o, BP_o, and T_a do not change but k is different, and the resulting formula is

$$\log_{10} BP = 2.880814 - \frac{h'}{64{,}790.7}, \tag{12'}$$

where h' is elevation in feet.

Once the atmospheric pressure has been computed from Equations 11, 12, or 12', gas solubility can be computed from the previously developed equations. The solubility of oxygen is presented as functions of temperature and elevation in the following tables:

Units	Table	Page
0 - 1800 m	21	40
2000 - 3800 m	22	41
0 - 4500 ft	23	42
5000 - 9500 ft	24	43

Both Equations 12 and 12' and Tables 21 to 24 are based on the assumption that the barometric pressure at sea level is equal to 760 mm Hg and the average air temperature of the two stations is 20 C. This approach is adequate for routine work. In critical applications, solubility calculations should be based on a direct measurement of the local barometric pressure.

Example 14

Compute the difference in the air-solubility value of oxygen between 200 and 1800 meters (water temperature = 19 C, BP = 760 mm at sea level).

Solution

From Equation 12:

$$\log_{10} BP_{200} = 2.880814 - \frac{200}{19{,}748.2}$$

$$BP_{200} = 742.5 \text{ mm Hg}$$

$$\log_{10} BP_{1800} = 2.880814 - \frac{1800}{19{,}748.2}$$

$$BP_{1800} = 616.1 \text{ mm Hg}$$

From Equation 2;

BP_{200} = 742.5 mm Hg (above)

BP_{1800} = 616.1 mm Hg (above)

P_{H_2O} = 16.48 mm Hg (Table 5)

C^* = 9.26 mg/L (Table 1)

C_{200} = (9.26)(742.5 − 16.5)/(760.0 − 16.5)

= 9.04 mg/L

C_{1800} = (9.26)(616.1 − 16.5)/(760.0 − 16.5)

= 7.47 mg/L

$C_{200} - C_{1800}$ = 9.04 mg/L − 7.47 mg/L

= 1.57 mg/L

$$\frac{C_{200} - C_{1800}}{C_{200}} = \left[\frac{1.57}{9.04}\right] 100 = \underline{17.5 \text{ percent lower}}$$

Example 15

What is the difference in the air-solubility value for oxygen between 1000 and 2800 m when the temperature is 33.0?

Solution

Use Tables 21 and 22.

$C_{1000} - C_{2800}$ = 6.34 mg/L − 5.07 mg/L

= 1.27 mg/L

Table 21. The Solubility of Oxygen in mg/L as Functions of Temperature and Elevation in Meters for 0 - 1800 m (moist air, salinity = 0.0 ppt, sea-level temperature = 20 C, sea-level barometric pressure = 760 mm Hg)

Temp (C)	Elevation Above Sea-level, m									
	0	200	400	600	800	1000	1200	1400	1600	1800
0	14.602	14.263	13.932	13.609	13.294	12.985	12.684	12.389	12.102	11.821
1	14.198	13.869	13.547	13.233	12.926	12.626	12.333	12.046	11.766	11.493
2	13.813	13.493	13.180	12.874	12.575	12.282	11.997	11.718	11.446	11.180
3	13.445	13.133	12.828	12.530	12.239	11.955	11.677	11.405	11.140	10.881
4	13.094	12.790	12.492	12.202	11.918	11.641	11.370	11.106	10.847	10.595
5	12.757	12.461	12.171	11.888	11.611	11.341	11.077	10.819	10.567	10.321
6	12.436	12.146	11.864	11.587	11.318	11.054	10.797	10.545	10.299	10.059
7	12.127	11.845	11.569	11.300	11.036	10.779	10.528	10.283	10.043	9.808
8	11.832	11.556	11.287	11.024	10.767	10.516	10.270	10.031	9.797	9.568
9	11.549	11.279	11.016	10.759	10.508	10.263	10.024	9.789	9.561	9.337
10	11.277	11.014	10.757	10.506	10.260	10.021	9.787	9.558	9.334	9.116
11	11.016	10.759	10.508	10.262	10.022	9.788	9.559	9.335	9.117	8.903
12	10.766	10.514	10.269	10.028	9.794	9.564	9.341	9.122	8.908	8.699
13	10.525	10.279	10.039	9.804	9.574	9.350	9.130	8.916	8.707	8.503
14	10.294	10.053	9.818	9.587	9.363	9.143	8.928	8.719	8.514	8.314
15	10.072	9.836	9.605	9.379	9.159	8.944	8.734	8.529	8.328	8.132
16	9.858	9.626	9.400	9.179	8.964	8.753	8.547	8.346	8.149	7.957
17	9.651	9.425	9.203	8.987	8.775	8.568	8.367	8.169	7.977	7.789
18	9.453	9.230	9.013	8.801	8.593	8.391	8.193	7.999	7.811	7.626
19	9.261	9.043	8.830	8.622	8.418	8.219	8.025	7.835	7.650	7.469
20	9.077	8.862	8.653	8.449	8.249	8.054	7.863	7.677	7.495	7.318
21	8.898	8.688	8.483	8.282	8.086	7.894	7.707	7.524	7.346	7.171
22	8.726	8.520	8.318	8.121	7.928	7.740	7.556	7.377	7.201	7.030
23	8.560	8.357	8.159	7.965	7.776	7.591	7.411	7.234	7.062	6.893
24	8.400	8.200	8.005	7.815	7.629	7.447	7.270	7.096	6.927	6.761
25	8.244	8.048	7.856	7.669	7.486	7.308	7.133	6.962	6.796	6.633
26	8.094	7.901	7.713	7.528	7.348	7.173	7.001	6.833	6.669	6.509
27	7.949	7.759	7.573	7.392	7.215	7.042	6.873	6.708	6.547	6.389
28	7.808	7.621	7.438	7.260	7.086	6.915	6.749	6.586	6.428	6.272
29	7.671	7.487	7.307	7.132	6.960	6.792	6.629	6.468	6.312	6.159
30	7.539	7.358	7.181	7.008	6.838	6.673	6.512	6.354	6.200	6.050
31	7.411	7.232	7.058	6.887	6.720	6.558	6.398	6.243	6.091	5.943
32	7.287	7.110	6.938	6.770	6.606	6.445	6.288	6.135	5.985	5.839
33	7.166	6.992	6.822	6.656	6.494	6.336	6.181	6.030	5.883	5.738
34	7.049	6.877	6.710	6.546	6.386	6.230	6.077	5.928	5.783	5.640
35	6.935	6.765	6.600	6.439	6.281	6.127	5.976	5.829	5.685	5.545
36	6.824	6.657	6.494	6.334	6.178	6.026	5.877	5.732	5.590	5.452
37	6.716	6.551	6.390	6.233	6.079	5.928	5.781	5.638	5.498	5.361
38	6.612	6.448	6.289	6.134	5.981	5.833	5.688	5.546	5.408	5.272
39	6.509	6.348	6.191	6.037	5.887	5.740	5.597	5.456	5.319	5.186
40	6.410	6.251	6.095	5.943	5.794	5.649	5.507	5.369	5.234	5.101

Table 22. The Solubility of Oxygen in mg/L as Functions of Temperature and Elevation in Meters for 2000 - 3800 m (moist air, salinity = 0.0 ppt, sea-level temperatures = 20 C, sea-level barometric pressure = 760 mm Hg)

Temp (C)	Elevation Above Sea-level, m									
	2000	2200	2400	2600	2800	3000	3200	3400	3600	3800
0	11.546	11.278	11.016	10.760	10.510	10.266	10.027	9.794	9.566	9.344
1	11.226	10.965	10.710	10.461	10.218	9.980	9.748	9.521	9.300	9.083
2	10.920	10.666	10.418	10.176	9.939	9.708	9.482	9.261	9.045	8.834
3	10.628	10.380	10.139	9.903	9.672	9.447	9.227	9.012	8.802	8.597
4	10.348	10.107	9.872	9.642	9.417	9.198	8.983	8.774	8.569	8.369
5	10.081	9.846	9.616	9.392	9.173	8.959	8.750	8.546	8.346	8.151
6	9.825	9.596	9.372	9.153	8.940	8.731	8.527	8.328	8.133	7.943
7	9.580	9.356	9.138	8.924	8.716	8.512	8.313	8.119	7.929	7.743
8	9.345	9.126	8.913	8.705	8.501	8.302	8.108	7.918	7.733	7.552
9	9.119	8.906	8.697	8.494	8.295	8.101	7.911	7.726	7.545	7.368
10	8.903	8.694	8.491	8.292	8.097	7.908	7.722	7.541	7.364	7.191
11	8.695	8.491	8.292	8.098	7.908	7.722	7.541	7.364	7.191	7.021
12	8.495	8.296	8.101	7.911	7.725	7.544	7.366	7.193	7.024	6.858
13	8.303	8.108	7.918	7.732	7.550	7.372	7.199	7.029	6.863	6.701
14	8.119	7.928	7.741	7.559	7.381	7.207	7.037	6.871	6.709	6.550
15	7.941	7.754	7.571	7.393	7.218	7.048	6.882	6.719	6.560	6.405
16	7.770	7.586	7.407	7.233	7.062	6.895	6.732	6.572	6.417	6.265
17	7.605	7.425	7.250	7.078	6.911	6.747	6.587	6.431	6.278	6.129
18	7.446	7.269	7.097	6.929	6.765	6.605	6.448	6.295	6.145	5.999
19	7.292	7.119	6.951	6.786	6.624	6.467	6.313	6.163	6.016	5.873
20	7.144	6.974	6.809	6.647	6.489	6.334	6.183	6.036	5.892	5.751
21	7.001	6.834	6.672	6.513	6.357	6.206	6.058	5.913	5.771	5.633
22	6.863	6.699	6.539	6.383	6.231	6.082	5.936	5.794	5.655	5.519
23	6.729	6.568	6.411	6.258	6.108	5.961	5.818	5.679	5.542	5.409
24	6.599	6.441	6.287	6.136	5.989	5.845	5.704	5.567	5.433	5.302
25	6.474	6.319	6.167	6.019	5.874	5.732	5.594	5.459	5.327	5.198
26	6.353	6.200	6.051	5.905	5.762	5.623	5.487	5.354	5.224	5.097
27	6.235	6.085	5.938	5.794	5.654	5.517	5.383	5.252	5.125	5.000
28	6.121	5.973	5.828	5.687	5.549	5.414	5.282	5.153	5.028	4.905
29	6.010	5.864	5.722	5.583	5.447	5.314	5.184	5.057	4.933	4.812
30	5.902	5.759	5.619	5.481	5.347	5.217	5.089	4.964	4.842	4.723
31	5.798	5.656	5.518	5.383	5.251	5.122	4.996	4.873	4.753	4.635
32	5.696	5.557	5.420	5.287	5.157	5.030	4.906	4.784	4.666	4.550
33	5.597	5.460	5.325	5.194	5.066	4.940	4.818	4.698	4.581	4.467
34	5.501	5.365	5.233	5.103	4.977	4.853	4.732	4.614	4.498	4.386
35	5.407	5.273	5.143	5.015	4.890	4.767	4.648	4.532	4.418	4.307
36	5.316	5.184	5.054	4.928	4.805	4.684	4.566	4.451	4.339	4.229
37	5.227	5.096	4.969	4.844	4.722	4.603	4.487	4.373	4.262	4.153
38	5.140	5.011	4.885	4.761	4.641	4.523	4.408	4.296	4.186	4.079
39	5.055	4.927	4.803	4.681	4.562	4.446	4.332	4.221	4.113	4.007
40	4.972	4.846	4.723	4.602	4.484	4.369	4.257	4.147	4.040	3.935

Table 23. The Solubility of Oxygen in mg/L as Functions of Temperature and Elevation in Feet for 0 - 4500 ft (moist air, salinity 0.0 ppt, sea-level temperature = 20 C, sea-level barometric pressure = mm Hg)

Temp (C)	Elevation Above Sea-level, ft									
	0	500	1000	1500	2000	2500	3000	3500	4000	4500
0	14.602	14.343	14.089	13.839	13.594	13.353	13.116	12.884	12.655	12.431
1	14.198	13.947	13.700	13.457	13.218	12.984	12.753	12.527	12.305	12.086
2	13.813	13.568	13.328	13.091	12.859	12.631	12.407	12.186	11.970	11.758
3	13.445	13.207	12.973	12.742	12.516	12.294	12.076	11.861	11.650	11.443
4	13.094	12.861	12.633	12.409	12.188	11.972	11.759	11.550	11.345	11.143
5	12.757	12.531	12.308	12.089	11.875	11.663	11.456	11.252	11.052	10.856
6	12.436	12.214	11.997	11.784	11.574	11.368	11.166	10.968	10.772	10.581
7	12.127	11.912	11.700	11.491	11.287	11.086	10.889	10.695	10.504	10.317
8	11.832	11.621	11.414	11.211	11.011	10.815	10.623	10.433	10.247	10.065
9	11.549	11.343	11.141	10.942	10.747	10.556	10.367	10.182	10.001	9.822
10	11.277	11.076	10.879	10.684	10.494	10.307	10.123	9.942	9.764	9.590
11	11.016	10.820	10.627	10.437	10.251	10.068	9.888	9.711	9.537	9.367
12	10.766	10.574	10.385	10.199	10.017	9.838	9.662	9.489	9.319	9.153
13	10.525	10.337	10.152	9.971	9.792	9.617	9.445	9.276	9.110	8.947
14	10.294	10.110	9.929	9.751	9.577	9.405	9.236	9.071	8.908	8.748
15	10.072	9.891	9.714	9.540	9.369	9.201	9.036	8.873	8.714	8.558
16	9.858	9.681	9.507	9.336	9.169	9.004	8.842	8.684	8.527	8.374
17	9.651	9.478	9.308	9.141	8.976	8.815	8.656	8.500	8.347	8.197
18	9.453	9.283	9.116	8.952	8.791	8.632	8.477	8.324	8.174	8.027
19	9.261	9.094	8.931	8.770	8.612	8.456	8.304	8.154	8.007	7.862
20	9.077	8.913	8.752	8.594	8.439	8.287	8.137	7.990	7.845	7.703
21	8.898	8.738	8.580	8.425	8.272	8.123	7.976	7.831	7.690	7.550
22	8.726	8.568	8.413	8.261	8.112	7.965	7.820	7.678	7.539	7.402
23	8.560	8.405	8.253	8.103	7.956	7.812	7.670	7.530	7.393	7.259
24	8.400	8.247	8.097	7.950	7.806	7.664	7.524	7.387	7.253	7.120
25	8.244	8.094	7.947	7.802	7.660	7.521	7.384	7.249	7.116	6.986
26	8.094	7.947	7.802	7.659	7.520	7.382	7.247	7.115	6.985	6.857
27	7.949	7.804	7.661	7.521	7.383	7.248	7.115	6.985	6.857	6.731
28	7.808	7.665	7.525	7.387	7.251	7.118	6.988	6.859	6.733	6.609
29	7.671	7.531	7.393	7.257	7.123	6.992	6.864	6.737	6.613	6.491
30	7.539	7.401	7.264	7.131	6.999	6.870	6.743	6.619	6.496	6.376
31	7.411	7.274	7.140	7.008	6.879	6.752	6.627	6.504	6.383	6.265
32	7.287	7.152	7.020	6.890	6.762	6.637	6.513	6.392	6.273	6.157
33	7.166	7.033	6.903	6.774	6.649	6.525	6.403	6.284	6.167	6.051
34	7.049	6.918	6.789	6.662	6.538	6.416	6.296	6.179	6.063	5.949
35	6.935	6.805	6.678	6.554	6.431	6.311	6.192	6.076	5.962	5.850
36	6.824	6.696	6.571	6.448	6.327	6.208	6.091	5.976	5.863	5.753
37	6.716	6.590	6.466	6.345	6.225	6.108	5.992	5.879	5.767	5.658
38	6.612	6.487	6.365	6.244	6.126	6.010	5.896	5.784	5.674	5.566
39	6.509	6.386	6.265	6.147	6.030	5.915	5.802	5.692	5.583	5.476
40	6.410	6.288	6.169	6.051	5.936	5.822	5.711	5.602	5.494	5.388

Table 24. The Solubility of Oxygen in mg/L as Functions of Temperature and Elevation in Feet for 5000 - 9500 feet (moist air, salinity = 0.0 ppt, sea-level temperature = 20 C, sea-level barometric pressure = 760 mm Hg)

Temp (C)	Elevation Above Sea-level, ft									
	5000	5500	6000	6500	7000	7500	8000	8500	9000	9500
0	12.210	11.994	11.781	11.572	11.366	11.165	10.966	10.772	10.580	10.393
1	11.872	11.661	11.454	11.251	11.051	10.855	10.662	10.472	10.286	10.104
2	11.549	11.344	11.142	10.944	10.750	10.559	10.371	10.187	10.006	9.828
3	11.240	11.040	10.844	10.651	10.462	10.276	10.093	9.914	9.737	9.564
4	10.945	10.750	10.559	10.371	10.187	10.005	9.827	9.652	9.480	9.312
5	10.662	10.473	10.286	10.103	9.923	9.747	9.573	9.402	9.235	9.070
6	10.392	10.207	10.025	9.847	9.671	9.499	9.329	9.163	9.000	8.839
7	10.133	9.953	9.775	9.601	9.430	9.261	9.096	8.934	8.774	8.618
8	9.885	9.709	9.535	9.365	9.198	9.034	8.873	8.714	8.558	8.405
9	9.647	9.475	9.306	9.139	8.976	8.816	8.658	8.503	8.351	8.202
10	9.419	9.250	9.085	8.923	8.763	8.606	8.452	8.301	8.152	8.006
11	9.199	9.035	8.873	8.714	8.558	8.405	8.254	8.106	7.961	7.818
12	8.989	8.828	8.670	8.514	8.362	8.212	8.064	7.920	7.778	7.638
13	8.786	8.629	8.474	8.322	8.172	8.026	7.882	7.740	7.601	7.464
14	8.591	8.437	8.286	8.137	7.991	7.847	7.706	7.567	7.431	7.297
15	8.404	8.253	8.104	7.959	7.815	7.675	7.537	7.401	7.267	7.136
16	8.223	8.075	7.930	7.787	7.647	7.509	7.374	7.240	7.110	6.981
17	8.049	7.904	7.762	7.622	7.484	7.349	7.216	7.086	6.958	6.832
18	7.882	7.739	7.600	7.462	7.328	7.195	7.065	6.937	6.811	6.688
19	7.720	7.580	7.443	7.309	7.176	7.046	6.919	6.793	6.670	6.549
20	7.564	7.427	7.292	7.160	7.030	6.903	6.777	6.654	6.533	6.414
21	7.413	7.279	7.147	7.017	6.889	6.764	6.641	6.520	6.401	6.285
22	7.268	7.135	7.006	6.878	6.753	6.630	6.509	6.390	6.274	6.159
23	7.127	6.997	6.869	6.744	6.621	6.500	6.381	6.265	6.150	6.037
24	6.991	6.863	6.738	6.614	6.493	6.375	6.258	6.143	6.030	5.920
25	6.859	6.733	6.610	6.489	6.370	6.253	6.138	6.025	5.915	5.806
26	6.731	6.608	6.486	6.367	6.250	6.135	6.022	5.911	5.802	5.695
27	6.607	6.486	6.367	6.249	6.134	6.021	5.910	5.801	5.693	5.588
28	6.487	6.368	6.250	6.135	6.022	5.910	5.801	5.693	5.588	5.484
29	6.371	6.253	6.138	6.024	5.912	5.803	5.695	5.589	5.485	5.383
30	6.258	6.142	6.028	5.916	5.806	5.698	5.592	5.488	5.385	5.285
31	6.148	6.034	5.922	5.811	5.703	5.597	5.492	5.389	5.288	5.189
32	6.042	5.929	5.818	5.710	5.603	5.498	5.395	5.293	5.194	5.096
33	5.938	5.827	5.718	5.611	5.505	5.402	5.300	5.200	5.102	5.005
34	5.837	5.728	5.620	5.514	5.410	5.308	5.208	5.109	5.012	4.917
35	5.739	5.631	5.525	5.420	5.318	5.217	5.118	5.020	4.925	4.831
36	5.644	5.537	5.432	5.329	5.227	5.128	5.030	4.934	4.840	4.747
37	5.551	5.445	5.341	5.239	5.139	5.041	4.944	4.850	4.756	4.665
38	5.460	5.355	5.253	5.152	5.053	4.956	4.861	4.767	4.675	4.584
39	5.371	5.268	5.167	5.067	4.969	4.873	4.779	4.686	4.595	4.506
40	5.285	5.183	5.082	4.984	4.887	4.793	4.699	4.608	4.518	4.429

COMPUTATION OF GAS SOLUBILITY AS A FUNCTION OF WATER DEPTH

To compute the equilibrium solubility value for a bubble at depth Z, the sum of the barometric and hydrostatic pressures must be used. The equilibrium solubility values computed for this section are based on the assumption that the bubble and the dissolved gases in the surrounding water are at equilibrium. This very rarely occurs because the bubble rises toward the surface much faster than it takes to achieve equilibrium. Nevertheless, these values are useful because they show how the efficiency of aeration devices increases at greater depths or how gas supersaturation can be produced by bubble entrainment.

The total pressure, P_t, at depth Z is

$$P_t = BP + P_{hydrostatic}. \tag{13}$$

The hydrostatic head is

$$P_{hydrostatic} = \rho g Z, \tag{14}$$

where ρ = the density of water in kg/m^3;
g = acceleration of gravity (9.80655 m/s^2);
Z = depth in meters.

The value of ρg in mm Hg/m is presented in Table 25 as functions of temperature and salinity. Once the total pressure (P_t) has been computed, gas solubilities can be computed from Equations 1, 7, or 8 by substitution of P_t for BP. The solubilities of oxygen, nitrogen, argon, carbon dioxide, and total dissolved gas for depths ranging from 0 to 4 meters are presented in Table 26.

Example 16

Compute the solubilities of (a) nitrogen + argon and (b) oxygen at a depth of 4 m (temperature = 20 C, salinity = 0.0 ppt, barometric pressure = 760 mm Hg).

Solution

Hydrostatic head = 73.42 mm Hg/m   (Table 25)

P_t = 760 mm Hg + (73.42 mm Hg/m)(4 m)   (Equation 13 and 14)

P_t = 1053.7 mm Hg

$C^*_{O_2}$	=	9.08 mg/L	(Table 1)
$C^*_{N_2}$	=	14.88 mg/L	(Table 2)
C^*_{Ar}	=	0.5557 mg/L	(Table 3)
P_{H_2O}	=	17.54 mm Hg	(Table 5)
P_t	=	1053.7 mm Hg	(above)

From Equation 1:

(a) Nitrogen + argon

$C_{N_2 + Ar}$ = (14.88 + 0.5557)(1053.7 - 17.5)/(760.0 - 17.5)

= (15.44)(1.3956) = <u>21.54 mg/L</u>

(b) Oxygen

C_{O_2} = (9.08)(1053.7 - 17.5)/(760.0 - 17.5)

= (9.08)(1.3956) = <u>12.67 mg/L</u>

Table 25. The Hydrostatic Head in mm Hg/m as Functions of Temperature and Salinity

Temp (C)	Salinity, parts per thousand								
	0	5	10	15	20	25	30	35	40
0	73.54	73.84	74.14	74.44	74.73	75.03	75.33	75.62	75.92
1	73.55	73.85	74.14	74.44	74.73	75.03	75.32	75.62	75.91
2	73.55	73.85	74.14	74.44	74.73	75.02	75.32	75.61	75.91
3	73.55	73.85	74.14	74.44	74.73	75.02	75.31	75.61	75.90
4	73.55	73.85	74.14	74.43	74.72	75.02	75.31	75.60	75.89
5	73.55	73.85	74.14	74.43	74.72	75.01	75.30	75.59	75.88
6	73.55	73.84	74.13	74.42	74.71	75.00	75.29	75.58	75.87
7	73.55	73.84	74.13	74.42	74.71	74.99	75.28	75.57	75.86
8	73.54	73.83	74.12	74.41	74.70	74.99	75.27	75.56	75.85
9	73.54	73.83	74.12	74.40	74.69	74.98	75.26	75.55	75.84
10	73.53	73.82	74.11	74.39	74.68	74.97	75.25	75.54	75.83
11	73.53	73.81	74.10	74.38	74.67	74.95	75.24	75.53	75.81
12	73.52	73.80	74.09	74.37	74.66	74.94	75.23	75.51	75.80
13	73.51	73.80	74.08	74.36	74.64	74.93	75.21	75.50	75.78
14	73.50	73.78	74.07	74.35	74.63	74.91	75.20	75.48	75.77
15	73.49	73.77	74.05	74.34	74.62	74.90	75.18	75.47	75.75
16	73.48	73.76	74.04	74.32	74.60	74.89	75.17	75.45	75.73
17	73.47	73.75	74.03	74.31	74.59	74.87	75.15	75.43	75.72
18	73.45	73.73	74.01	74.29	74.57	74.85	75.13	75.41	75.70
19	73.44	73.72	74.00	74.28	74.56	74.84	75.12	75.40	75.68
20	73.42	73.70	73.98	74.26	74.54	74.82	75.10	75.38	75.66
21	73.41	73.69	73.97	74.24	74.52	74.80	75.08	75.36	75.64
22	73.39	73.67	73.95	74.22	74.50	74.78	75.06	75.34	75.62
23	73.38	73.65	73.93	74.21	74.48	74.76	75.04	75.32	75.60
24	73.36	73.63	73.91	74.19	74.46	74.74	75.02	75.30	75.57
25	73.34	73.62	73.89	74.17	74.44	74.72	75.00	75.27	75.55
26	73.32	73.60	73.87	74.15	74.42	74.70	74.97	75.25	75.53
27	73.30	73.58	73.85	74.12	74.40	74.67	74.95	75.23	75.50
28	73.28	73.55	73.83	74.10	74.38	74.65	74.93	75.20	75.48
29	73.26	73.53	73.81	74.08	74.35	74.63	74.90	75.18	75.46
30	73.24	73.51	73.78	74.06	74.33	74.60	74.88	75.15	75.43
31	73.21	73.49	73.76	74.03	74.31	74.58	74.85	75.13	75.40
32	73.19	73.46	73.74	74.01	74.28	74.55	74.83	75.10	75.38
33	73.17	73.44	73.71	73.98	74.26	74.53	74.80	75.08	75.35
34	73.14	73.41	73.69	73.96	74.23	74.50	74.78	75.05	75.32
35	73.12	73.39	73.66	73.93	74.20	74.48	74.75	75.02	75.30
36	73.09	73.36	73.63	73.91	74.18	74.45	74.72	74.99	75.27
37	73.07	73.34	73.61	73.88	74.15	74.42	74.69	74.97	75.24
38	73.04	73.31	73.58	73.85	74.12	74.39	74.66	74.94	75.21
39	73.01	73.28	73.55	73.82	74.09	74.36	74.64	74.91	75.18
40	72.98	73.25	73.52	73.79	74.06	74.34	74.61	74.88	75.15

Table 26. Gas Solubilities in mg/L as Functions of Depth (moist air, T = 20 C, salinity = 0.0 ppt, BP = 760 mm Hg)

Depth (m)	O_2	N_2	Ar	CO_2	Total
0.00	9.08	14.88	0.56	0.54	25.05
0.10	9.17	15.03	0.56	0.54	25.30
0.20	9.26	15.17	0.57	0.55	25.54
0.30	9.35	15.32	0.57	0.55	25.79
0.40	9.44	15.47	0.58	0.56	26.04
0.50	9.53	15.61	0.58	0.56	26.29
0.60	9.62	15.76	0.59	0.57	26.53
0.70	9.70	15.91	0.59	0.58	26.78
0.80	9.79	16.06	0.60	0.58	27.03
0.90	9.88	16.20	0.61	0.59	27.28
1.00	9.97	16.35	0.61	0.59	27.53
1.10	10.06	16.50	0.62	0.60	27.77
1.20	10.15	16.64	0.62	0.60	28.02
1.30	10.24	16.79	0.63	0.61	28.27
1.40	10.33	16.94	0.63	0.61	28.52
1.50	10.42	17.08	0.64	0.62	28.76
1.60	10.51	17.23	0.64	0.62	29.01
1.70	10.60	17.38	0.65	0.63	29.26
1.80	10.69	17.53	0.65	0.63	29.51
1.90	10.78	17.67	0.66	0.64	29.75
2.00	10.87	17.82	0.67	0.64	30.00
2.10	10.96	17.97	0.67	0.65	30.25
2.20	11.05	18.11	0.68	0.65	30.50
2.30	11.14	18.26	0.68	0.66	30.75
2.40	11.23	18.41	0.69	0.67	30.99
2.50	11.32	18.56	0.69	0.67	31.24
2.60	11.41	18.70	0.70	0.68	31.49
2.70	11.50	18.85	0.70	0.68	31.74
2.80	11.59	19.00	0.71	0.69	31.98
2.90	11.68	19.14	0.72	0.69	32.23
3.00	11.77	19.29	0.72	0.70	32.48
3.10	11.86	19.44	0.73	0.70	32.73
3.20	11.95	19.59	0.73	0.71	32.97
3.30	12.04	19.73	0.74	0.71	33.22
3.40	12.13	19.88	0.74	0.72	33.47
3.50	12.22	20.03	0.75	0.72	33.72
3.60	12.31	20.17	0.75	0.73	33.97
3.70	12.40	20.32	0.76	0.73	34.21
3.80	12.49	20.47	0.76	0.74	34.46
3.90	12.58	20.62	0.77	0.75	34.71
4.00	12.67	20.76	0.78	0.75	34.96

PART 2: SOLUBILITY OF GASES IN BRACKISH AND MARINE WATERS

The solubilities of oxygen, nitrogen, argon, and carbon dioxide in terms of C^* and β have been computed as functions of salinity and temperature from the equations presented in Appendix A. Values are given at coarse salinity intervals for 0-40 ppt (which embraces the range likely to be encountered in aquaculture) and at finer intervals for 33-37 ppt (the usual range for marine contexts). These tabular data may be found as follows.

Gas and salinity range	Parameter			
	C^* (mg/L)		β (L/L·atm)	
	Table	Page	Table	Page
O_2				
0-40 ppt	27	49	35	57
33-37 ppt	28	50	36	58
N_2				
0-40 ppt	29	51	37	59
33-37 ppt	30	52	38	60
Ar				
0-40 ppt	31	53	39	61
33-37 ppt	32	54	40	62
CO_2				
0-40 ppt	33	55	41	63
33-37 ppt	34	56	42	64

Once C^* or β value has been determined for a given temperature and salinity, the solubility can be adjusted for depths, elevations, or barometric pressures by equations presented previously. The vapor pressure of seawater (salinity = 35.0 ppt) is presented in Table 43. Due to the small change in vapor pressure, this table may be used for all salinity values. The solubility of gas in mL/L can be computed from Equation 2.

Table 27. The Solubility of Oxygen in mg/L as Functions of Temperature and Salinity 0-40 ppt
(moist air, barometric pressure = 760 mm Hg)

Temp (C)	Salinity, parts per thousand (ppt)								
	0	5	10	15	20	25	30	35	40
0	14.602	14.112	13.638	13.180	12.737	12.309	11.896	11.497	11.111
1	14.198	13.725	13.268	12.825	12.398	11.984	11.585	11.198	10.825
2	13.813	13.356	12.914	12.487	12.073	11.674	11.287	10.913	10.552
3	13.445	13.004	12.576	12.163	11.763	11.376	11.003	10.641	10.291
4	13.094	12.667	12.253	11.853	11.467	11.092	10.730	10.380	10.042
5	12.757	12.344	11.944	11.557	11.183	10.820	10.470	10.131	9.802
6	12.436	12.036	11.648	11.274	10.911	10.560	10.220	9.892	9.573
7	12.127	11.740	11.365	11.002	10.651	10.311	9.981	9.662	9.354
8	11.832	11.457	11.093	10.742	10.401	10.071	9.752	9.443	9.143
9	11.549	11.185	10.833	10.492	10.162	9.842	9.532	9.232	8.941
10	11.277	10.925	10.583	10.252	9.932	9.621	9.321	9.029	8.747
11	11.016	10.674	10.343	10.022	9.711	9.410	9.118	8.835	8.561
12	10.766	10.434	10.113	9.801	9.499	9.207	8.923	8.648	8.381
13	10.525	10.203	9.891	9.589	9.295	9.011	8.735	8.468	8.209
14	10.294	9.981	9.678	9.384	9.099	8.823	8.555	8.295	8.043
15	10.072	9.768	9.473	9.188	8.911	8.642	8.381	8.129	7.883
16	9.858	9.562	9.276	8.998	8.729	8.468	8.214	7.968	7.730
17	9.651	9.364	9.086	8.816	8.554	8.300	8.053	7.814	7.581
18	9.453	9.174	8.903	8.640	8.385	8.138	7.898	7.664	7.438
19	9.261	8.990	8.726	8.471	8.222	7.982	7.748	7.521	7.300
20	9.077	8.812	8.556	8.307	8.065	7.831	7.603	7.382	7.167
21	8.898	8.641	8.392	8.149	7.914	7.685	7.463	7.248	7.038
22	8.726	8.476	8.233	7.997	7.767	7.545	7.328	7.118	6.914
23	8.560	8.316	8.080	7.849	7.626	7.409	7.198	6.993	6.794
24	8.400	8.162	7.931	7.707	7.489	7.277	7.072	6.872	6.677
25	8.244	8.013	7.788	7.569	7.357	7.150	6.950	6.754	6.565
26	8.094	7.868	7.649	7.436	7.229	7.027	6.831	6.641	6.456
27	7.949	7.729	7.515	7.307	7.105	6.908	6.717	6.531	6.350
28	7.808	7.593	7.385	7.182	6.984	6.792	6.606	6.424	6.248
29	7.671	7.462	7.259	7.060	6.868	6.680	6.498	6.321	6.148
30	7.539	7.335	7.136	6.943	6.755	6.572	6.394	6.221	6.052
31	7.411	7.212	7.018	6.829	6.645	6.466	6.293	6.123	5.959
32	7.287	7.092	6.903	6.718	6.539	6.364	6.194	6.029	5.868
33	7.166	6.976	6.791	6.611	6.435	6.265	6.099	5.937	5.779
34	7.049	6.863	6.682	6.506	6.335	6.168	6.006	5.848	5.694
35	6.935	6.753	6.577	6.405	6.237	6.074	5.915	5.761	5.610
36	6.824	6.647	6.474	6.306	6.142	5.983	5.828	5.676	5.529
37	6.716	6.543	6.374	6.210	6.050	5.894	5.742	5.594	5.450
38	6.612	6.442	6.277	6.117	5.960	5.807	5.659	5.514	5.373
39	6.509	6.344	6.183	6.025	5.872	5.723	5.577	5.436	5.297
40	6.410	6.248	6.091	5.937	5.787	5.641	5.498	5.360	5.224

Table 28. The Solubility of Oxygen in mg/L as Functions of Temperature and Salinity 33-37 ppt (moist air, barometric pressure = 760 mm Hg)

Temp (C)	Salinity, parts per thousand (ppt)								
	33.0	33.5	34.0	34.5	35.0	35.5	36.0	36.5	37.0
0	11.655	11.615	11.575	11.536	11.497	11.457	11.418	11.379	11.341
1	11.351	11.313	11.275	11.236	11.198	11.160	11.123	11.085	11.048
2	11.061	11.024	10.987	10.950	10.913	10.877	10.840	10.804	10.767
3	10.784	10.748	10.712	10.677	10.641	10.605	10.570	10.535	10.500
4	10.519	10.484	10.449	10.415	10.380	10.346	10.312	10.277	10.243
5	10.265	10.231	10.198	10.164	10.131	10.097	10.064	10.031	9.998
6	10.022	9.989	9.956	9.924	9.892	9.859	9.827	9.795	9.763
7	9.789	9.757	9.725	9.694	9.662	9.631	9.600	9.569	9.538
8	9.565	9.534	9.504	9.473	9.443	9.412	9.382	9.352	9.322
9	9.351	9.321	9.291	9.261	9.232	9.202	9.173	9.144	9.114
10	9.145	9.116	9.087	9.058	9.029	9.001	8.972	8.944	8.915
11	8.947	8.919	8.891	8.863	8.835	8.807	8.779	8.752	8.724
12	8.757	8.729	8.702	8.675	8.648	8.621	8.594	8.567	8.540
13	8.574	8.547	8.521	8.494	8.468	8.442	8.416	8.390	8.364
14	8.398	8.372	8.346	8.321	8.295	8.270	8.244	8.219	8.193
15	8.229	8.204	8.179	8.154	8.129	8.104	8.079	8.054	8.030
16	8.066	8.041	8.017	7.992	7.968	7.944	7.920	7.896	7.872
17	7.908	7.885	7.861	7.837	7.814	7.790	7.767	7.743	7.720
18	7.757	7.734	7.711	7.687	7.664	7.642	7.619	7.596	7.573
19	7.611	7.588	7.566	7.543	7.521	7.498	7.476	7.454	7.432
20	7.469	7.447	7.426	7.404	7.382	7.360	7.338	7.317	7.295
21	7.333	7.312	7.290	7.269	7.248	7.226	7.205	7.184	7.163
22	7.201	7.181	7.160	7.139	7.118	7.097	7.077	7.056	7.036
23	7.074	7.054	7.033	7.013	6.993	6.973	6.953	6.933	6.913
24	6.951	6.931	6.911	6.891	6.872	6.852	6.832	6.813	6.793
25	6.832	6.812	6.793	6.774	6.754	6.735	6.716	6.697	6.678
26	6.716	6.697	6.679	6.660	6.641	6.622	6.603	6.585	6.566
27	6.605	6.586	6.568	6.549	6.531	6.513	6.494	6.476	6.458
28	6.496	6.478	6.460	6.442	6.424	6.406	6.389	6.371	6.353
29	6.391	6.374	6.356	6.338	6.321	6.303	6.286	6.269	6.251
30	6.289	6.272	6.255	6.238	6.221	6.204	6.187	6.170	6.153
31	6.190	6.174	6.157	6.140	6.123	6.107	6.090	6.073	6.057
32	6.094	6.078	6.061	6.045	6.029	6.012	5.996	5.980	5.964
33	6.001	5.985	5.969	5.953	5.937	5.921	5.905	5.889	5.873
34	5.910	5.895	5.879	5.863	5.848	5.832	5.816	5.801	5.785
35	5.822	5.807	5.791	5.776	5.761	5.745	5.730	5.715	5.700
36	5.736	5.721	5.706	5.691	5.676	5.661	5.646	5.632	5.617
37	5.653	5.638	5.623	5.609	5.594	5.579	5.565	5.550	5.536
38	5.571	5.557	5.542	5.528	5.514	5.499	5.485	5.471	5.457
39	5.492	5.478	5.464	5.450	5.436	5.422	5.408	5.394	5.380
40	5.415	5.401	5.387	5.373	5.360	5.346	5.332	5.319	5.305

Table 29. The Solubility of Nitrogen in mg/L as Functions of Temperature and Salinity 0-40 ppt (moist air, barometric pressure = 760 mm Hg)

Temp (C)	Salinity, parts per thousand (ppt)								
	0	5	10	15	20	25	30	35	40
0	23.04	22.19	21.38	20.60	19.85	19.12	18.42	17.75	17.10
1	22.45	21.63	20.85	20.09	19.36	18.66	17.98	17.33	16.70
2	21.88	21.09	20.33	19.60	18.89	18.21	17.56	16.93	16.32
3	21.34	20.58	19.84	19.13	18.45	17.79	17.15	16.54	15.95
4	20.82	20.08	19.37	18.68	18.02	17.38	16.77	16.17	15.60
5	20.33	19.61	18.92	18.26	17.61	16.99	16.40	15.82	15.26
6	19.85	19.16	18.49	17.84	17.22	16.62	16.04	15.48	14.94
7	19.40	18.73	18.08	17.45	16.85	16.26	15.70	15.15	14.63
8	18.96	18.31	17.68	17.07	16.48	15.92	15.37	14.84	14.33
9	18.54	17.91	17.30	16.71	16.14	15.59	15.06	14.54	14.05
10	18.14	17.53	16.93	16.36	15.81	15.27	14.75	14.25	13.77
11	17.76	17.16	16.58	16.02	15.49	14.97	14.46	13.98	13.51
12	17.39	16.81	16.24	15.70	15.18	14.67	14.18	13.71	13.25
13	17.03	16.47	15.92	15.39	14.88	14.39	13.91	13.45	13.01
14	16.69	16.14	15.61	15.09	14.60	14.12	13.65	13.20	12.77
15	16.36	15.82	15.31	14.81	14.32	13.86	13.40	12.97	12.54
16	16.04	15.52	15.02	14.53	14.06	13.60	13.16	12.74	12.32
17	15.73	15.23	14.74	14.26	13.80	13.36	12.93	12.51	12.11
18	15.44	14.94	14.47	14.00	13.56	13.12	12.71	12.30	11.91
19	15.15	14.67	14.21	13.76	13.32	12.90	12.49	12.09	11.71
20	14.88	14.41	13.96	13.52	13.09	12.68	12.28	11.89	11.52
21	14.61	14.16	13.71	13.28	12.87	12.47	12.08	11.70	11.33
22	14.36	13.91	13.48	13.06	12.65	12.26	11.88	11.51	11.15
23	14.11	13.67	13.25	12.84	12.45	12.06	11.69	11.33	10.98
24	13.87	13.44	13.03	12.63	12.25	11.87	11.51	11.16	10.81
25	13.64	13.22	12.82	12.43	12.05	11.69	11.33	10.99	10.65
26	13.41	13.01	12.61	12.23	11.86	11.51	11.16	10.82	10.49
27	13.20	12.80	12.42	12.04	11.68	11.33	10.99	10.66	10.34
28	12.99	12.60	12.22	11.86	11.50	11.16	10.83	10.51	10.19
29	12.78	12.40	12.04	11.68	11.33	11.00	10.67	10.36	10.05
30	12.58	12.21	11.85	11.50	11.17	10.84	10.52	10.21	9.91
31	12.39	12.03	11.68	11.34	11.00	10.68	10.37	10.07	9.77
32	12.21	11.85	11.51	11.17	10.85	10.53	10.23	9.93	9.64
33	12.02	11.68	11.34	11.01	10.69	10.39	10.09	9.79	9.51
34	11.85	11.51	11.18	10.86	10.55	10.24	9.95	9.66	9.39
35	11.68	11.34	11.02	10.71	10.40	10.10	9.82	9.54	9.26
36	11.51	11.18	10.87	10.56	10.26	9.97	9.69	9.41	9.14
37	11.35	11.03	10.72	10.42	10.12	9.84	9.56	9.29	9.03
38	11.19	10.88	10.57	10.28	9.99	9.71	9.44	9.17	8.91
39	11.04	10.73	10.43	10.14	9.86	9.58	9.32	9.06	8.80
40	10.89	10.59	10.29	10.01	9.73	9.46	9.20	8.94	8.70

Table 30. The Solubility of Nitrogen in mg/L as Functions of Temperature and Salinity 33-37 ppt (moist air, barometric pressure = 760 mm Hg)

Temp (C)	Salinity, parts per thousand (ppt)								
	33.0	33.5	34.0	34.5	35.0	35.5	36.0	36.5	37.0
0	18.01	17.95	17.88	17.81	17.75	17.68	17.62	17.55	17.48
1	17.59	17.52	17.46	17.39	17.33	17.26	17.20	17.14	17.07
2	17.18	17.11	17.05	16.99	16.93	16.86	16.80	16.74	16.68
3	16.78	16.72	16.66	16.60	16.54	16.48	16.42	16.36	16.30
4	16.41	16.35	16.29	16.23	16.17	16.11	16.06	16.00	15.94
5	16.05	15.99	15.93	15.88	15.82	15.76	15.71	15.65	15.59
6	15.70	15.65	15.59	15.53	15.48	15.42	15.37	15.32	15.26
7	15.37	15.32	15.26	15.21	15.15	15.10	15.05	14.99	14.94
8	15.05	15.00	14.95	14.89	14.84	14.79	14.74	14.69	14.64
9	14.75	14.69	14.64	14.59	14.54	14.49	14.44	14.39	14.34
10	14.45	14.40	14.35	14.30	14.25	14.20	14.16	14.11	14.06
11	14.17	14.12	14.07	14.02	13.98	13.93	13.88	13.83	13.79
12	13.90	13.85	13.80	13.76	13.71	13.66	13.62	13.57	13.52
13	13.63	13.59	13.54	13.50	13.45	13.41	13.36	13.32	13.27
14	13.38	13.34	13.29	13.25	13.20	13.16	13.12	13.07	13.03
15	13.14	13.10	13.05	13.01	12.97	12.92	12.88	12.84	12.80
16	12.90	12.86	12.82	12.78	12.74	12.69	12.65	12.61	12.57
17	12.68	12.64	12.60	12.55	12.51	12.47	12.43	12.39	12.35
18	12.46	12.42	12.38	12.34	12.30	12.26	12.22	12.18	12.14
19	12.25	12.21	12.17	12.13	12.09	12.05	12.01	11.98	11.94
20	12.05	12.01	11.97	11.93	11.89	11.85	11.82	11.78	11.74
21	11.85	11.81	11.77	11.74	11.70	11.66	11.62	11.59	11.55
22	11.66	11.62	11.58	11.55	11.51	11.48	11.44	11.40	11.37
23	11.47	11.44	11.40	11.37	11.33	11.30	11.26	11.22	11.19
24	11.30	11.26	11.22	11.19	11.16	11.12	11.09	11.05	11.02
25	11.12	11.09	11.05	11.02	10.99	10.95	10.92	10.88	10.85
26	10.95	10.92	10.89	10.85	10.82	10.79	10.75	10.72	10.69
27	10.79	10.76	10.73	10.69	10.66	10.63	10.60	10.56	10.53
28	10.63	10.60	10.57	10.54	10.51	10.47	10.44	10.41	10.38
29	10.48	10.45	10.42	10.39	10.36	10.32	10.29	10.26	10.23
30	10.33	10.30	10.27	10.24	10.21	10.18	10.15	10.12	10.09
31	10.19	10.16	10.13	10.10	10.07	10.04	10.01	9.98	9.95
32	10.05	10.02	9.99	9.96	9.93	9.90	9.87	9.84	9.81
33	9.91	9.88	9.85	9.82	9.79	9.77	9.74	9.71	9.68
34	9.78	9.75	9.72	9.69	9.66	9.63	9.61	9.58	9.55
35	9.65	9.62	9.59	9.56	9.54	9.51	9.48	9.45	9.43
36	9.52	9.49	9.47	9.44	9.41	9.38	9.36	9.33	9.30
37	9.40	9.37	9.34	9.32	9.29	9.26	9.24	9.21	9.18
38	9.28	9.25	9.22	9.20	9.17	9.15	9.12	9.09	9.07
39	9.16	9.13	9.11	9.08	9.06	9.03	9.00	8.98	8.95
40	9.04	9.02	8.99	8.97	8.94	8.92	8.89	8.87	8.84

Table 31. The Solubility of Argon in mg/L as Functions of Temperature and Salinity 0-40 ppt (moist air, barometric pressure = 760 mm Hg)

Temp (C)	Salinity, parts per thousand (ppt)								
	0	5	10	15	20	25	30	35	40
0	0.8885	0.8583	0.8292	0.8010	0.7738	0.7476	0.7222	0.6976	0.6740
1	0.8644	0.8352	0.8071	0.7799	0.7536	0.7282	0.7037	0.6799	0.6570
2	0.8413	0.8132	0.7860	0.7597	0.7343	0.7097	0.6860	0.6630	0.6408
3	0.8193	0.7921	0.7658	0.7403	0.7158	0.6920	0.6690	0.6468	0.6253
4	0.7982	0.7719	0.7464	0.7218	0.6980	0.6750	0.6528	0.6313	0.6105
5	0.7780	0.7525	0.7279	0.7041	0.6811	0.6588	0.6373	0.6164	0.5962
6	0.7586	0.7340	0.7102	0.6871	0.6648	0.6432	0.6224	0.6021	0.5826
7	0.7401	0.7163	0.6932	0.6708	0.6492	0.6283	0.6081	0.5885	0.5695
8	0.7223	0.6992	0.6769	0.6552	0.6343	0.6140	0.5943	0.5753	0.5569
9	0.7053	0.6829	0.6612	0.6402	0.6199	0.6002	0.5812	0.5627	0.5449
10	0.6889	0.6672	0.6462	0.6258	0.6061	0.5870	0.5685	0.5506	0.5333
11	0.6732	0.6521	0.6317	0.6120	0.5928	0.5743	0.5563	0.5389	0.5221
12	0.6580	0.6376	0.6178	0.5987	0.5801	0.5621	0.5446	0.5277	0.5114
13	0.6435	0.6237	0.6045	0.5859	0.5678	0.5503	0.5334	0.5169	0.5010
14	0.6295	0.6103	0.5916	0.5735	0.5560	0.5390	0.5225	0.5065	0.4911
15	0.6160	0.5974	0.5792	0.5617	0.5446	0.5281	0.5121	0.4965	0.4815
16	0.6031	0.5849	0.5673	0.5502	0.5336	0.5176	0.5020	0.4869	0.4722
17	0.5906	0.5729	0.5558	0.5392	0.5231	0.5074	0.4923	0.4776	0.4633
18	0.5785	0.5614	0.5447	0.5285	0.5129	0.4977	0.4829	0.4686	0.4547
19	0.5669	0.5502	0.5340	0.5183	0.5030	0.4882	0.4738	0.4599	0.4464
20	0.5557	0.5394	0.5237	0.5084	0.4935	0.4791	0.4651	0.4515	0.4383
21	0.5448	0.5290	0.5137	0.4988	0.4843	0.4703	0.4566	0.4434	0.4305
22	0.5343	0.5190	0.5040	0.4895	0.4754	0.4618	0.4485	0.4356	0.4230
23	0.5242	0.5092	0.4947	0.4806	0.4668	0.4535	0.4406	0.4280	0.4157
24	0.5144	0.4998	0.4857	0.4719	0.4585	0.4455	0.4329	0.4206	0.4087
25	0.5049	0.4907	0.4769	0.4635	0.4505	0.4378	0.4255	0.4135	0.4019
26	0.4958	0.4819	0.4685	0.4554	0.4427	0.4303	0.4183	0.4066	0.3953
27	0.4869	0.4734	0.4603	0.4475	0.4351	0.4231	0.4113	0.3999	0.3888
28	0.4783	0.4651	0.4523	0.4399	0.4278	0.4160	0.4046	0.3934	0.3826
29	0.4699	0.4571	0.4446	0.4325	0.4207	0.4092	0.3980	0.3871	0.3766
30	0.4618	0.4493	0.4371	0.4253	0.4138	0.4026	0.3916	0.3810	0.3707
31	0.4540	0.4418	0.4299	0.4183	0.4071	0.3961	0.3855	0.3751	0.3650
32	0.4463	0.4344	0.4228	0.4115	0.4005	0.3899	0.3794	0.3693	0.3595
33	0.4389	0.4273	0.4160	0.4049	0.3942	0.3838	0.3736	0.3637	0.3541
34	0.4317	0.4204	0.4093	0.3985	0.3881	0.3779	0.3679	0.3582	0.3488
35	0.4247	0.4136	0.4028	0.3923	0.3821	0.3721	0.3624	0.3529	0.3437
36	0.4179	0.4071	0.3965	0.3862	0.3762	0.3665	0.3570	0.3477	0.3387
37	0.4113	0.4007	0.3904	0.3803	0.3706	0.3610	0.3517	0.3427	0.3339
38	0.4048	0.3945	0.3844	0.3746	0.3650	0.3557	0.3466	0.3378	0.3292
39	0.3985	0.3884	0.3786	0.3690	0.3596	0.3505	0.3416	0.3330	0.3245
40	0.3924	0.3825	0.3729	0.3635	0.3544	0.3455	0.3368	0.3283	0.3200

Table 32. The Solubility of Argon in mg/L as Functions of Temperature and Salinity 33-37 ppt (moist air, barometric pressure = 760 mm Hg)

Temp (C)	Salinity, parts per thousand (ppt)								
	33.0	33.5	34.0	34.5	35.0	35.5	36.0	36.5	37.0
0	0.7074	0.7049	0.7025	0.7001	0.6976	0.6952	0.6928	0.6904	0.6881
1	0.6893	0.6870	0.6846	0.6823	0.6799	0.6776	0.6753	0.6730	0.6707
2	0.6721	0.6698	0.6675	0.6653	0.6630	0.6608	0.6585	0.6563	0.6540
3	0.6556	0.6534	0.6512	0.6490	0.6468	0.6446	0.6424	0.6403	0.6381
4	0.6398	0.6377	0.6355	0.6334	0.6313	0.6292	0.6271	0.6250	0.6229
5	0.6247	0.6226	0.6205	0.6185	0.6164	0.6144	0.6123	0.6103	0.6083
6	0.6101	0.6081	0.6061	0.6041	0.6021	0.6002	0.5982	0.5962	0.5942
7	0.5962	0.5943	0.5923	0.5904	0.5885	0.5865	0.5846	0.5827	0.5808
8	0.5829	0.5810	0.5791	0.5772	0.5753	0.5735	0.5716	0.5698	0.5679
9	0.5700	0.5682	0.5664	0.5645	0.5627	0.5609	0.5591	0.5573	0.5555
10	0.5577	0.5559	0.5541	0.5524	0.5506	0.5488	0.5471	0.5453	0.5436
11	0.5458	0.5441	0.5424	0.5407	0.5389	0.5372	0.5355	0.5338	0.5321
12	0.5344	0.5328	0.5311	0.5294	0.5277	0.5261	0.5244	0.5228	0.5211
13	0.5235	0.5218	0.5202	0.5186	0.5169	0.5153	0.5137	0.5121	0.5105
14	0.5129	0.5113	0.5097	0.5081	0.5065	0.5050	0.5034	0.5019	0.5003
15	0.5027	0.5011	0.4996	0.4981	0.4965	0.4950	0.4935	0.4920	0.4905
16	0.4929	0.4914	0.4899	0.4884	0.4869	0.4854	0.4839	0.4824	0.4810
17	0.4834	0.4819	0.4805	0.4790	0.4776	0.4761	0.4747	0.4732	0.4718
18	0.4743	0.4728	0.4714	0.4700	0.4686	0.4672	0.4658	0.4644	0.4630
19	0.4654	0.4640	0.4626	0.4613	0.4599	0.4585	0.4572	0.4558	0.4544
20	0.4569	0.4555	0.4542	0.4528	0.4515	0.4502	0.4488	0.4475	0.4462
21	0.4486	0.4473	0.4460	0.4447	0.4434	0.4421	0.4408	0.4395	0.4382
22	0.4407	0.4394	0.4381	0.4368	0.4356	0.4343	0.4330	0.4318	0.4305
23	0.4330	0.4317	0.4305	0.4292	0.4280	0.4267	0.4255	0.4243	0.4230
24	0.4255	0.4243	0.4230	0.4218	0.4206	0.4194	0.4182	0.4170	0.4158
25	0.4183	0.4171	0.4159	0.4147	0.4135	0.4123	0.4112	0.4100	0.4088
26	0.4112	0.4101	0.4089	0.4078	0.4066	0.4055	0.4043	0.4032	0.4020
27	0.4044	0.4033	0.4022	0.4011	0.3999	0.3988	0.3977	0.3966	0.3955
28	0.3979	0.3967	0.3956	0.3945	0.3934	0.3923	0.3912	0.3902	0.3891
29	0.3915	0.3904	0.3893	0.3882	0.3871	0.3861	0.3850	0.3839	0.3829
30	0.3852	0.3842	0.3831	0.3821	0.3810	0.3800	0.3789	0.3779	0.3769
31	0.3792	0.3782	0.3771	0.3761	0.3751	0.3741	0.3731	0.3720	0.3710
32	0.3733	0.3723	0.3713	0.3703	0.3693	0.3683	0.3673	0.3663	0.3653
33	0.3676	0.3666	0.3657	0.3647	0.3637	0.3627	0.3618	0.3608	0.3598
34	0.3621	0.3611	0.3602	0.3592	0.3582	0.3573	0.3563	0.3554	0.3544
35	0.3567	0.3557	0.3548	0.3539	0.3529	0.3520	0.3511	0.3501	0.3492
36	0.3514	0.3505	0.3496	0.3487	0.3477	0.3468	0.3459	0.3450	0.3441
37	0.3463	0.3454	0.3445	0.3436	0.3427	0.3418	0.3409	0.3400	0.3391
38	0.3413	0.3404	0.3395	0.3387	0.3378	0.3369	0.3360	0.3352	0.3343
39	0.3364	0.3356	0.3347	0.3338	0.3330	0.3321	0.3313	0.3304	0.3296
40	0.3317	0.3308	0.3300	0.3291	0.3283	0.3275	0.3266	0.3258	0.3250

Table 33. The Solubility of Carbon Dioxide, mg/L, as Functions of Temperature and Salinity 0-40 ppt (moist air, barometric pressure = 760 mm Hg)

Temp (C)	Salinity, parts per thousand (ppt)								
	0	5	10	15	20	25	30	35	40
0	1.0860	1.0581	1.0309	1.0044	0.9786	0.9534	0.9289	0.9050	0.8818
1	1.0436	1.0168	0.9908	0.9654	0.9407	0.9166	0.8931	0.8702	0.8480
2	1.0033	0.9777	0.9528	0.9285	0.9048	0.8817	0.8592	0.8373	0.8159
3	0.9652	0.9407	0.9168	0.8934	0.8707	0.8486	0.8270	0.8060	0.7855
4	0.9290	0.9055	0.8826	0.8602	0.8384	0.8172	0.7965	0.7764	0.7567
5	0.8946	0.8721	0.8501	0.8287	0.8078	0.7874	0.7676	0.7482	0.7294
6	0.8620	0.8403	0.8193	0.7987	0.7787	0.7591	0.7401	0.7215	0.7034
7	0.8309	0.8102	0.7900	0.7702	0.7510	0.7322	0.7139	0.6961	0.6787
8	0.8014	0.7815	0.7621	0.7431	0.7247	0.7067	0.6891	0.6720	0.6553
9	0.7733	0.7542	0.7356	0.7174	0.6996	0.6823	0.6655	0.6490	0.6330
10	0.7466	0.7282	0.7103	0.6928	0.6758	0.6592	0.6430	0.6272	0.6117
11	0.7211	0.7034	0.6862	0.6695	0.6531	0.6371	0.6216	0.6064	0.5915
12	0.6968	0.6798	0.6633	0.6472	0.6315	0.6161	0.6011	0.5865	0.5723
13	0.6736	0.6573	0.6414	0.6259	0.6108	0.5961	0.5817	0.5676	0.5539
14	0.6515	0.6358	0.6206	0.6057	0.5911	0.5770	0.5631	0.5496	0.5364
15	0.6304	0.6153	0.6007	0.5863	0.5724	0.5587	0.5454	0.5324	0.5197
16	0.6102	0.5957	0.5816	0.5679	0.5544	0.5413	0.5285	0.5160	0.5037
17	0.5909	0.5770	0.5634	0.5502	0.5373	0.5246	0.5123	0.5003	0.4885
18	0.5725	0.5591	0.5461	0.5333	0.5209	0.5087	0.4969	0.4853	0.4739
19	0.5548	0.5420	0.5294	0.5172	0.5052	0.4935	0.4821	0.4709	0.4600
20	0.5379	0.5256	0.5135	0.5017	0.4902	0.4789	0.4679	0.4572	0.4467
21	0.5217	0.5099	0.4982	0.4869	0.4758	0.4650	0.4544	0.4440	0.4339
22	0.5062	0.4948	0.4836	0.4727	0.4620	0.4516	0.4414	0.4314	0.4217
23	0.4914	0.4804	0.4696	0.4591	0.4488	0.4388	0.4290	0.4194	0.4100
24	0.4771	0.4665	0.4562	0.4461	0.4362	0.4265	0.4170	0.4078	0.3987
25	0.4634	0.4532	0.4433	0.4335	0.4240	0.4147	0.4056	0.3967	0.3880
26	0.4502	0.4404	0.4309	0.4215	0.4123	0.4034	0.3946	0.3860	0.3776
27	0.4376	0.4282	0.4190	0.4099	0.4011	0.3925	0.3840	0.3758	0.3677
28	0.4254	0.4164	0.4075	0.3988	0.3903	0.3820	0.3739	0.3659	0.3581
29	0.4137	0.4050	0.3965	0.3881	0.3800	0.3720	0.3641	0.3565	0.3490
30	0.4025	0.3941	0.3859	0.3779	0.3700	0.3623	0.3547	0.3474	0.3401
31	0.3916	0.3836	0.3757	0.3679	0.3604	0.3530	0.3457	0.3386	0.3316
32	0.3812	0.3734	0.3658	0.3584	0.3511	0.3440	0.3370	0.3301	0.3234
33	0.3711	0.3636	0.3563	0.3492	0.3422	0.3353	0.3286	0.3220	0.3155
34	0.3614	0.3542	0.3472	0.3403	0.3336	0.3270	0.3205	0.3141	0.3079
35	0.3520	0.3451	0.3384	0.3317	0.3252	0.3189	0.3127	0.3065	0.3006
36	0.3429	0.3363	0.3298	0.3235	0.3172	0.3111	0.3051	0.2992	0.2935
37	0.3341	0.3278	0.3216	0.3154	0.3095	0.3036	0.2978	0.2921	0.2866
38	0.3257	0.3196	0.3136	0.3077	0.3019	0.2963	0.2907	0.2853	0.2800
39	0.3175	0.3116	0.3059	0.3002	0.2947	0.2892	0.2839	0.2787	0.2735
40	0.3095	0.3039	0.2984	0.2930	0.2876	0.2824	0.2773	0.2723	0.2673

Table 34. The Solubility of Carbon Dioxide, mg/L, as Functions of Temperature and Salinity 33-37 ppt (moist air, barometric pressure = 760 mm Hg)

Temp (C)	Salinity, parts per thousand (ppt)								
	33.0	33.5	34.0	34.5	35.0	35.5	36.0	36.5	37.0
0	0.9145	0.9121	0.9098	0.9074	0.9050	0.9027	0.9003	0.8980	0.8957
1	0.8793	0.8770	0.8748	0.8725	0.8702	0.8680	0.8657	0.8635	0.8613
2	0.8460	0.8438	0.8416	0.8394	0.8373	0.8351	0.8330	0.8308	0.8287
3	0.8144	0.8123	0.8102	0.8081	0.8060	0.8039	0.8019	0.7998	0.7978
4	0.7844	0.7824	0.7804	0.7784	0.7764	0.7744	0.7724	0.7704	0.7684
5	0.7559	0.7540	0.7521	0.7501	0.7482	0.7463	0.7444	0.7425	0.7406
6	0.7289	0.7270	0.7252	0.7233	0.7215	0.7197	0.7178	0.7160	0.7142
7	0.7032	0.7014	0.6996	0.6979	0.6961	0.6944	0.6926	0.6909	0.6891
8	0.6788	0.6771	0.6754	0.6737	0.6720	0.6703	0.6686	0.6669	0.6652
9	0.6556	0.6539	0.6523	0.6506	0.6490	0.6474	0.6458	0.6442	0.6426
10	0.6334	0.6319	0.6303	0.6287	0.6272	0.6256	0.6241	0.6225	0.6210
11	0.6124	0.6109	0.6094	0.6079	0.6064	0.6049	0.6034	0.6019	0.6004
12	0.5923	0.5909	0.5894	0.5880	0.5865	0.5851	0.5837	0.5822	0.5808
13	0.5732	0.5718	0.5704	0.5690	0.5676	0.5662	0.5649	0.5635	0.5621
14	0.5550	0.5536	0.5523	0.5509	0.5496	0.5483	0.5469	0.5456	0.5443
15	0.5376	0.5363	0.5350	0.5337	0.5324	0.5311	0.5298	0.5286	0.5273
16	0.5209	0.5197	0.5184	0.5172	0.5160	0.5147	0.5135	0.5123	0.5110
17	0.5050	0.5038	0.5027	0.5015	0.5003	0.4991	0.4979	0.4967	0.4955
18	0.4899	0.4887	0.4876	0.4864	0.4853	0.4841	0.4830	0.4818	0.4807
19	0.4753	0.4742	0.4731	0.4720	0.4709	0.4698	0.4687	0.4676	0.4665
20	0.4614	0.4604	0.4593	0.4582	0.4572	0.4561	0.4551	0.4540	0.4530
21	0.4481	0.4471	0.4461	0.4451	0.4440	0.4430	0.4420	0.4410	0.4400
22	0.4354	0.4344	0.4334	0.4324	0.4314	0.4305	0.4295	0.4285	0.4275
23	0.4232	0.4222	0.4213	0.4203	0.4194	0.4184	0.4175	0.4165	0.4156
24	0.4115	0.4105	0.4096	0.4087	0.4078	0.4069	0.4060	0.4051	0.4041
25	0.4002	0.3993	0.3984	0.3976	0.3967	0.3958	0.3949	0.3940	0.3932
26	0.3894	0.3886	0.3877	0.3869	0.3860	0.3852	0.3843	0.3835	0.3826
27	0.3791	0.3782	0.3774	0.3766	0.3758	0.3750	0.3741	0.3733	0.3725
28	0.3691	0.3683	0.3675	0.3667	0.3659	0.3651	0.3644	0.3636	0.3628
29	0.3595	0.3587	0.3580	0.3572	0.3565	0.3557	0.3549	0.3542	0.3534
30	0.3503	0.3495	0.3488	0.3481	0.3474	0.3466	0.3459	0.3452	0.3444
31	0.3414	0.3407	0.3400	0.3393	0.3386	0.3379	0.3372	0.3365	0.3358
32	0.3329	0.3322	0.3315	0.3308	0.3301	0.3295	0.3288	0.3281	0.3274
33	0.3246	0.3239	0.3233	0.3226	0.3220	0.3213	0.3207	0.3200	0.3194
34	0.3167	0.3160	0.3154	0.3148	0.3141	0.3135	0.3129	0.3122	0.3116
35	0.3090	0.3084	0.3078	0.3072	0.3065	0.3059	0.3053	0.3047	0.3041
36	0.3016	0.3010	0.3004	0.2998	0.2992	0.2986	0.2981	0.2975	0.2969
37	0.2944	0.2938	0.2933	0.2927	0.2921	0.2916	0.2910	0.2905	0.2899
38	0.2875	0.2869	0.2864	0.2858	0.2853	0.2848	0.2842	0.2837	0.2832
39	0.2808	0.2802	0.2797	0.2792	0.2787	0.2782	0.2776	0.2771	0.2766
40	0.2743	0.2738	0.2733	0.2728	0.2723	0.2718	0.2713	0.2708	0.2703

Table 35. Bunsen Coefficients for Oxygen as Functions of Temperature and Salinity 0-40 ppt (partial pressure of oxygen = 760 mm Hg)

Temp (C)	Salinity, parts per thousand (ppt)								
	0	5	10	15	20	25	30	35	40
0	.04910	.04745	.04586	.04432	.04283	.04139	.04000	.03865	.03736
1	.04777	.04618	.04464	.04315	.04171	.04032	.03897	.03767	.03642
2	.04650	.04496	.04347	.04203	.04064	.03929	.03799	.03674	.03552
3	.04529	.04380	.04236	.04097	.03962	.03832	.03706	.03584	.03466
4	.04413	.04269	.04129	.03995	.03864	.03738	.03616	.03498	.03384
5	.04302	.04162	.04028	.03897	.03771	.03649	.03530	.03416	.03305
6	.04196	.04061	.03930	.03804	.03681	.03563	.03448	.03337	.03230
7	.04095	.03964	.03837	.03714	.03596	.03481	.03370	.03262	.03158
8	.03998	.03871	.03748	.03629	.03514	.03402	.03295	.03190	.03089
9	.03905	.03782	.03663	.03547	.03435	.03327	.03222	.03121	.03023
10	.03816	.03696	.03581	.03469	.03360	.03255	.03153	.03055	.02959
11	.03730	.03615	.03502	.03394	.03288	.03186	.03087	.02991	.02898
12	.03649	.03536	.03427	.03322	.03219	.03120	.03024	.02930	.02840
13	.03570	.03461	.03355	.03252	.03153	.03056	.02963	.02872	.02784
14	.03495	.03389	.03286	.03186	.03089	.02995	.02904	.02816	.02730
15	.03423	.03320	.03220	.03123	.03028	.02937	.02848	.02762	.02679
16	.03354	.03254	.03156	.03062	.02970	.02881	.02795	.02711	.02630
17	.03288	.03190	.03095	.03003	.02914	.02827	.02743	.02661	.02582
18	.03224	.03129	.03037	.02947	.02860	.02775	.02693	.02614	.02536
19	.03163	.03071	.02980	.02893	.02808	.02726	.02646	.02568	.02493
20	.03105	.03014	.02926	.02841	.02758	.02678	.02600	.02524	.02451
21	.03048	.02960	.02874	.02791	.02711	.02632	.02556	.02482	.02410
22	.02994	.02908	.02825	.02743	.02665	.02588	.02514	.02441	.02371
23	.02942	.02858	.02777	.02697	.02620	.02546	.02473	.02402	.02334
24	.02892	.02810	.02731	.02653	.02578	.02505	.02434	.02365	.02298
25	.02844	.02764	.02686	.02611	.02537	.02466	.02396	.02329	.02263
26	.02798	.02720	.02644	.02570	.02498	.02428	.02360	.02294	.02230
27	.02754	.02677	.02603	.02531	.02460	.02392	.02326	.02261	.02198
28	.02711	.02636	.02564	.02493	.02424	.02357	.02292	.02229	.02168
29	.02670	.02597	.02526	.02457	.02389	.02324	.02260	.02198	.02138
30	.02630	.02559	.02489	.02422	.02356	.02292	.02229	.02169	.02110
31	.02592	.02522	.02454	.02388	.02324	.02261	.02200	.02140	.02082
32	.02556	.02487	.02421	.02356	.02293	.02231	.02171	.02113	.02056
33	.02521	.02454	.02388	.02325	.02263	.02202	.02144	.02087	.02031
34	.02487	.02421	.02357	.02295	.02234	.02175	.02117	.02061	.02007
35	.02455	.02390	.02327	.02266	.02206	.02148	.02092	.02037	.01983
36	.02423	.02360	.02298	.02238	.02180	.02123	.02068	.02014	.01961
37	.02393	.02331	.02271	.02212	.02154	.02098	.02044	.01991	.01939
38	.02364	.02303	.02244	.02186	.02130	.02075	.02021	.01969	.01919
39	.02336	.02277	.02218	.02162	.02106	.02052	.02000	.01949	.01899
40	.02310	.02251	.02194	.02138	.02084	.02031	.01979	.01929	.01880

Table 36. Bunsen Coefficients for Oxygen as Functions of Temperature and Salinity 33–37 ppt
(partial pressure of oxygen = 760 mm Hg)

Temp (C)	Salinity, parts per thousand (ppt)								
	33.0	33.5	34.0	34.5	35.0	35.5	36.0	36.5	37.0
0	.03919	.03905	.03892	.03879	.03865	.03852	.03839	.03826	.03813
1	.03819	.03806	.03793	.03780	.03767	.03755	.03742	.03729	.03717
2	.03723	.03711	.03698	.03686	.03674	.03661	.03649	.03637	.03624
3	.03632	.03620	.03608	.03596	.03584	.03572	.03560	.03548	.03536
4	.03545	.03533	.03521	.03510	.03498	.03486	.03475	.03463	.03452
5	.03461	.03450	.03438	.03427	.03416	.03405	.03393	.03382	.03371
6	.03381	.03370	.03359	.03348	.03337	.03326	.03316	.03305	.03294
7	.03305	.03294	.03283	.03273	.03262	.03252	.03241	.03230	.03220
8	.03231	.03221	.03211	.03200	.03190	.03180	.03170	.03159	.03149
9	.03161	.03151	.03141	.03131	.03121	.03111	.03101	.03091	.03081
10	.03094	.03084	.03074	.03064	.03055	.03045	.03035	.03026	.03016
11	.03029	.03020	.03010	.03001	.02991	.02982	.02972	.02963	.02954
12	.02967	.02958	.02949	.02940	.02930	.02921	.02912	.02903	.02894
13	.02908	.02899	.02890	.02881	.02872	.02863	.02854	.02845	.02837
14	.02851	.02842	.02834	.02825	.02816	.02807	.02799	.02790	.02782
15	.02796	.02788	.02779	.02771	.02762	.02754	.02745	.02737	.02729
16	.02744	.02736	.02727	.02719	.02711	.02703	.02694	.02686	.02678
17	.02694	.02685	.02677	.02669	.02661	.02653	.02645	.02637	.02629
18	.02645	.02637	.02629	.02622	.02614	.02606	.02598	.02590	.02583
19	.02599	.02591	.02583	.02576	.02568	.02560	.02553	.02545	.02538
20	.02554	.02547	.02539	.02532	.02524	.02517	.02509	.02502	.02494
21	.02511	.02504	.02497	.02489	.02482	.02475	.02467	.02460	.02453
22	.02470	.02463	.02456	.02449	.02441	.02434	.02427	.02420	.02413
23	.02430	.02423	.02416	.02409	.02402	.02396	.02389	.02382	.02375
24	.02392	.02386	.02379	.02372	.02365	.02358	.02351	.02345	.02338
25	.02356	.02349	.02342	.02336	.02329	.02322	.02316	.02309	.02303
26	.02321	.02314	.02307	.02301	.02294	.02288	.02281	.02275	.02269
27	.02287	.02280	.02274	.02268	.02261	.02255	.02248	.02242	.02236
28	.02254	.02248	.02242	.02235	.02229	.02223	.02217	.02211	.02204
29	.02223	.02217	.02211	.02204	.02198	.02192	.02186	.02180	.02174
30	.02193	.02187	.02181	.02175	.02169	.02163	.02157	.02151	.02145
31	.02164	.02158	.02152	.02146	.02140	.02134	.02129	.02123	.02117
32	.02136	.02130	.02124	.02119	.02113	.02107	.02101	.02096	.02090
33	.02109	.02104	.02098	.02092	.02087	.02081	.02075	.02070	.02064
34	.02084	.02078	.02072	.02067	.02061	.02056	.02050	.02045	.02039
35	.02059	.02053	.02048	.02042	.02037	.02032	.02026	.02021	.02015
36	.02035	.02030	.02024	.02019	.02014	.02008	.02003	.01998	.01992
37	.02012	.02007	.02001	.01996	.01991	.01986	.01981	.01975	.01970
38	.01990	.01985	.01980	.01975	.01969	.01964	.01959	.01954	.01949
39	.01969	.01964	.01959	.01954	.01949	.01944	.01938	.01933	.01928
40	.01949	.01944	.01939	.01934	.01929	.01924	.01919	.01914	.01909

Table 37. Bunsen Coefficients for Nitrogen as Functions of Temperature and Salinity 0-40 ppt
(partial pressure of nitrogen = 760 mm Hg)

Temp (C)	Salinity, parts per thousand (ppt)								
	0	5	10	15	20	25	30	35	40
0	.02374	.02287	.02203	.02123	.02045	.01970	.01898	.01829	.01762
1	.02314	.02230	.02149	.02071	.01996	.01923	.01854	.01786	.01721
2	.02257	.02176	.02097	.02022	.01949	.01879	.01811	.01746	.01683
3	.02202	.02124	.02048	.01975	.01904	.01836	.01770	.01707	.01646
4	.02150	.02074	.02000	.01929	.01861	.01795	.01731	.01670	.01611
5	.02100	.02026	.01955	.01886	.01820	.01756	.01694	.01634	.01577
6	.02053	.01981	.01912	.01845	.01780	.01718	.01658	.01600	.01544
7	.02007	.01937	.01870	.01805	.01743	.01682	.01624	.01568	.01513
8	.01963	.01896	.01830	.01767	.01707	.01648	.01591	.01536	.01484
9	.01921	.01856	.01792	.01731	.01672	.01615	.01560	.01506	.01455
10	.01881	.01817	.01756	.01696	.01639	.01583	.01529	.01478	.01428
11	.01842	.01781	.01721	.01663	.01607	.01553	.01500	.01450	.01401
12	.01806	.01745	.01687	.01631	.01576	.01524	.01473	.01424	.01376
13	.01770	.01711	.01655	.01600	.01547	.01496	.01446	.01398	.01352
14	.01736	.01679	.01624	.01570	.01519	.01469	.01420	.01374	.01328
15	.01704	.01648	.01594	.01542	.01492	.01443	.01396	.01350	.01306
16	.01672	.01618	.01566	.01515	.01466	.01418	.01372	.01328	.01285
17	.01642	.01590	.01538	.01489	.01441	.01394	.01350	.01306	.01264
18	.01614	.01562	.01512	.01464	.01417	.01372	.01328	.01285	.01244
19	.01586	.01536	.01487	.01440	.01394	.01350	.01307	.01265	.01225
20	.01559	.01510	.01463	.01417	.01372	.01329	.01287	.01246	.01207
21	.01534	.01486	.01439	.01394	.01351	.01308	.01267	.01228	.01189
22	.01510	.01463	.01417	.01373	.01330	.01289	.01249	.01210	.01172
23	.01486	.01440	.01396	.01352	.01311	.01270	.01231	.01193	.01156
24	.01463	.01419	.01375	.01333	.01292	.01252	.01214	.01176	.01140
25	.01442	.01398	.01355	.01314	.01274	.01235	.01197	.01161	.01125
26	.01421	.01378	.01336	.01296	.01256	.01218	.01181	.01146	.01111
27	.01401	.01359	.01318	.01278	.01240	.01202	.01166	.01131	.01097
28	.01382	.01340	.01300	.01261	.01224	.01187	.01151	.01117	.01084
29	.01363	.01323	.01283	.01245	.01208	.01172	.01137	.01104	.01071
30	.01345	.01306	.01267	.01230	.01193	.01158	.01124	.01091	.01058
31	.01328	.01289	.01251	.01215	.01179	.01144	.01111	.01078	.01047
32	.01312	.01274	.01236	.01200	.01165	.01131	.01098	.01066	.01035
33	.01296	.01259	.01222	.01187	.01152	.01119	.01086	.01055	.01024
34	.01281	.01244	.01208	.01173	.01140	.01107	.01075	.01044	.01014
35	.01267	.01230	.01195	.01161	.01127	.01095	.01064	.01033	.01003
36	.01253	.01217	.01182	.01148	.01116	.01084	.01053	.01023	.00994
37	.01239	.01204	.01170	.01137	.01104	.01073	.01043	.01013	.00984
38	.01226	.01192	.01158	.01125	.01094	.01063	.01033	.01004	.00975
39	.01214	.01180	.01147	.01115	.01083	.01053	.01023	.00995	.00967
40	.01202	.01169	.01136	.01104	.01074	.01044	.01014	.00986	.00959

Table 38. Bunsen Coefficients for Nitrogen as Functions of Temperature and Salinity 33-37 ppt (partial pressure of nitrogen = 760 mm Hg)

Temp (C)	Salinity, parts per thousand (ppt)								
	33.0	33.5	34.0	34.5	35.0	35.5	36.0	36.5	37.0
0	.01856	.01849	.01842	.01835	.01829	.01822	.01815	.01808	.01801
1	.01813	.01806	.01800	.01793	.01786	.01780	.01773	.01767	.01760
2	.01772	.01765	.01759	.01752	.01746	.01739	.01733	.01727	.01720
3	.01732	.01726	.01720	.01713	.01707	.01701	.01695	.01688	.01682
4	.01694	.01688	.01682	.01676	.01670	.01664	.01658	.01652	.01646
5	.01658	.01652	.01646	.01640	.01634	.01629	.01623	.01617	.01611
6	.01623	.01618	.01612	.01606	.01600	.01595	.01589	.01583	.01578
7	.01590	.01584	.01579	.01573	.01568	.01562	.01557	.01551	.01546
8	.01558	.01553	.01547	.01542	.01536	.01531	.01526	.01520	.01515
9	.01528	.01522	.01517	.01512	.01506	.01501	.01496	.01491	.01486
10	.01498	.01493	.01488	.01483	.01478	.01473	.01467	.01462	.01457
11	.01470	.01465	.01460	.01455	.01450	.01445	.01440	.01435	.01430
12	.01443	.01438	.01433	.01428	.01424	.01419	.01414	.01409	.01404
13	.01417	.01412	.01408	.01403	.01398	.01393	.01389	.01384	.01379
14	.01392	.01388	.01383	.01378	.01374	.01369	.01364	.01360	.01355
15	.01368	.01364	.01359	.01355	.01350	.01346	.01341	.01337	.01332
16	.01345	.01341	.01336	.01332	.01328	.01323	.01319	.01315	.01310
17	.01323	.01319	.01315	.01310	.01306	.01302	.01298	.01293	.01289
18	.01302	.01298	.01294	.01289	.01285	.01281	.01277	.01273	.01269
19	.01282	.01278	.01273	.01269	.01265	.01261	.01257	.01253	.01249
20	.01262	.01258	.01254	.01250	.01246	.01242	.01238	.01234	.01230
21	.01243	.01239	.01235	.01232	.01228	.01224	.01220	.01216	.01212
22	.01225	.01221	.01218	.01214	.01210	.01206	.01202	.01198	.01195
23	.01208	.01204	.01200	.01197	.01193	.01189	.01185	.01182	.01178
24	.01191	.01188	.01184	.01180	.01176	.01173	.01169	.01166	.01162
25	.01175	.01172	.01168	.01164	.01161	.01157	.01154	.01150	.01146
26	.01160	.01156	.01153	.01149	.01146	.01142	.01139	.01135	.01132
27	.01145	.01141	.01138	.01134	.01131	.01128	.01124	.01121	.01117
28	.01131	.01127	.01124	.01120	.01117	.01114	.01110	.01107	.01104
29	.01117	.01114	.01110	.01107	.01104	.01100	.01097	.01094	.01090
30	.01104	.01100	.01097	.01094	.01091	.01087	.01084	.01081	.01078
31	.01091	.01088	.01085	.01081	.01078	.01075	.01072	.01069	.01065
32	.01079	.01076	.01073	.01069	.01066	.01063	.01060	.01057	.01054
33	.01067	.01064	.01061	.01058	.01055	.01052	.01049	.01045	.01042
34	.01056	.01053	.01050	.01047	.01044	.01041	.01038	.01035	.01032
35	.01045	.01042	.01039	.01036	.01033	.01030	.01027	.01024	.01021
36	.01035	.01032	.01029	.01026	.01023	.01020	.01017	.01014	.01011
37	.01025	.01022	.01019	.01016	.01013	.01010	.01007	.01004	.01002
38	.01015	.01012	.01010	.01007	.01004	.01001	.00998	.00995	.00992
39	.01006	.01003	.01000	.00998	.00995	.00992	.00989	.00986	.00983
40	.00997	.00995	.00992	.00989	.00986	.00983	.00981	.00978	.00975

Table 39. Bunsen Coefficients for Argon as Functions of Temperature and Salinity 0–40 ppt
(partial pressure of argon = 760 mm Hg)

Temp (C)	Salinity, parts per thousand (ppt)								
	0	5	10	15	20	25	30	35	40
0	.05363	.05181	.05005	.04835	.04671	.04512	.04359	.04211	.04068
1	.05221	.05045	.04875	.04710	.04551	.04398	.04250	.04106	.03968
2	.05084	.04914	.04750	.04591	.04437	.04289	.04145	.04006	.03872
3	.04954	.04789	.04630	.04476	.04328	.04184	.04045	.03911	.03781
4	.04829	.04670	.04516	.04367	.04223	.04084	.03949	.03819	.03693
5	.04710	.04555	.04406	.04262	.04123	.03988	.03857	.03731	.03609
6	.04595	.04446	.04302	.04162	.04027	.03896	.03769	.03647	.03529
7	.04486	.04341	.04201	.04066	.03935	.03808	.03685	.03566	.03451
8	.04381	.04241	.04105	.03974	.03847	.03724	.03604	.03489	.03377
9	.04281	.04145	.04013	.03886	.03762	.03643	.03527	.03415	.03307
10	.04184	.04053	.03925	.03801	.03681	.03565	.03453	.03344	.03238
11	.04092	.03964	.03840	.03720	.03604	.03491	.03382	.03276	.03173
12	.04004	.03879	.03759	.03642	.03529	.03419	.03313	.03210	.03111
13	.03919	.03798	.03681	.03567	.03457	.03351	.03248	.03147	.03050
14	.03837	.03720	.03606	.03496	.03389	.03285	.03184	.03087	.02993
15	.03759	.03645	.03534	.03427	.03323	.03222	.03124	.03029	.02937
16	.03684	.03573	.03465	.03361	.03259	.03161	.03066	.02973	.02884
17	.03612	.03504	.03399	.03297	.03199	.03103	.03010	.02920	.02832
18	.03543	.03437	.03335	.03236	.03140	.03047	.02956	.02868	.02783
19	.03476	.03374	.03274	.03178	.03084	.02993	.02905	.02819	.02736
20	.03412	.03312	.03215	.03121	.03030	.02941	.02855	.02771	.02690
21	.03351	.03253	.03159	.03067	.02978	.02891	.02807	.02726	.02646
22	.03291	.03197	.03104	.03015	.02928	.02843	.02761	.02682	.02604
23	.03235	.03142	.03052	.02965	.02880	.02797	.02717	.02639	.02564
24	.03180	.03090	.03002	.02916	.02834	.02753	.02675	.02599	.02525
25	.03127	.03039	.02953	.02870	.02789	.02710	.02634	.02560	.02487
26	.03077	.02991	.02907	.02825	.02746	.02669	.02594	.02522	.02451
27	.03028	.02944	.02862	.02782	.02705	.02630	.02557	.02486	.02416
28	.02981	.02899	.02819	.02741	.02665	.02592	.02520	.02451	.02383
29	.02936	.02856	.02777	.02701	.02627	.02555	.02485	.02417	.02351
30	.02893	.02814	.02737	.02663	.02590	.02520	.02451	.02385	.02320
31	.02851	.02774	.02699	.02626	.02555	.02486	.02419	.02354	.02290
32	.02811	.02735	.02662	.02590	.02521	.02453	.02388	.02324	.02261
33	.02772	.02698	.02626	.02556	.02488	.02422	.02357	.02295	.02234
34	.02734	.02662	.02592	.02523	.02457	.02392	.02328	.02267	.02207
35	.02699	.02628	.02559	.02492	.02426	.02362	.02300	.02240	.02181
36	.02664	.02595	.02527	.02461	.02397	.02334	.02274	.02214	.02157
37	.02631	.02563	.02496	.02432	.02369	.02307	.02248	.02190	.02133
38	.02599	.02532	.02467	.02403	.02342	.02281	.02223	.02166	.02110
39	.02568	.02502	.02438	.02376	.02315	.02256	.02199	.02143	.02088
40	.02538	.02474	.02411	.02350	.02290	.02232	.02176	.02121	.02067

Table 40. Bunsen Coefficients for Argon as Functions of Temperature and Salinity 33-37 ppt (partial pressure of argon = 760 mm Hg)

Temp (C)	Salinity, parts per thousand (ppt)								
	33.0	33.5	34.0	34.5	35.0	35.5	36.0	36.5	37.0
0	.04270	.04255	.04240	.04225	.04211	.04196	.04182	.04167	.04153
1	.04163	.04149	.04135	.04120	.04106	.04092	.04078	.04064	.04050
2	.04061	.04047	.04034	.04020	.04006	.03993	.03979	.03966	.03952
3	.03964	.03950	.03937	.03924	.03911	.03897	.03884	.03871	.03858
4	.03870	.03857	.03845	.03832	.03819	.03806	.03793	.03781	.03768
5	.03781	.03769	.03756	.03744	.03731	.03719	.03706	.03694	.03682
6	.03695	.03683	.03671	.03659	.03647	.03635	.03623	.03611	.03599
7	.03613	.03602	.03590	.03578	.03566	.03555	.03543	.03531	.03520
8	.03535	.03523	.03512	.03500	.03489	.03478	.03466	.03455	.03444
9	.03459	.03448	.03437	.03426	.03415	.03404	.03393	.03382	.03371
10	.03387	.03376	.03365	.03355	.03344	.03333	.03323	.03312	.03301
11	.03318	.03307	.03297	.03286	.03276	.03265	.03255	.03245	.03234
12	.03251	.03241	.03231	.03220	.03210	.03200	.03190	.03180	.03170
13	.03187	.03177	.03167	.03157	.03147	.03138	.03128	.03118	.03108
14	.03126	.03116	.03106	.03097	.03087	.03077	.03068	.03058	.03049
15	.03067	.03057	.03048	.03038	.03029	.03020	.03010	.03001	.02992
16	.03010	.03001	.02992	.02982	.02973	.02964	.02955	.02946	.02937
17	.02956	.02947	.02938	.02929	.02920	.02911	.02902	.02893	.02885
18	.02903	.02894	.02886	.02877	.02868	.02860	.02851	.02843	.02834
19	.02853	.02844	.02836	.02827	.02819	.02811	.02802	.02794	.02785
20	.02805	.02796	.02788	.02780	.02771	.02763	.02755	.02747	.02739
21	.02758	.02750	.02742	.02734	.02726	.02718	.02710	.02702	.02694
22	.02713	.02705	.02697	.02690	.02682	.02674	.02666	.02658	.02650
23	.02670	.02662	.02655	.02647	.02639	.02632	.02624	.02616	.02609
24	.02629	.02621	.02614	.02606	.02599	.02591	.02584	.02576	.02569
25	.02589	.02582	.02574	.02567	.02560	.02552	.02545	.02538	.02530
26	.02551	.02543	.02536	.02529	.02522	.02515	.02508	.02500	.02493
27	.02514	.02507	.02500	.02493	.02486	.02479	.02472	.02465	.02458
28	.02478	.02471	.02464	.02457	.02451	.02444	.02437	.02430	.02423
29	.02444	.02437	.02430	.02424	.02417	.02410	.02404	.02397	.02390
30	.02411	.02404	.02398	.02391	.02385	.02378	.02372	.02365	.02358
31	.02379	.02373	.02366	.02360	.02354	.02347	.02341	.02334	.02328
32	.02349	.02343	.02336	.02330	.02324	.02317	.02311	.02305	.02298
33	.02320	.02313	.02307	.02301	.02295	.02288	.02282	.02276	.02270
34	.02291	.02285	.02279	.02273	.02267	.02261	.02255	.02249	.02243
35	.02264	.02258	.02252	.02246	.02240	.02234	.02228	.02222	.02216
36	.02238	.02232	.02226	.02220	.02214	.02208	.02203	.02197	.02191
37	.02213	.02207	.02201	.02195	.02190	.02184	.02178	.02172	.02167
38	.02188	.02183	.02177	.02171	.02166	.02160	.02154	.02149	.02143
39	.02165	.02159	.02154	.02148	.02143	.02137	.02132	.02126	.02121
40	.02142	.02137	.02132	.02126	.02121	.02115	.02110	.02104	.02099

Table 41. Bunsen Coefficients for Carbon Dioxide as Functions of Temperature and Salinity 0-40 ppt (partial pressure of carbon dioxide = 760 mm Hg)

Temp (C)	Salinity, parts per thousand (ppt)								
	0	5	10	15	20	25	30	35	40
0	1.7272	1.6827	1.6395	1.5973	1.5562	1.5162	1.4772	1.4392	1.4022
1	1.6604	1.6179	1.5764	1.5360	1.4967	1.4583	1.4209	1.3845	1.3490
2	1.5972	1.5564	1.5167	1.4780	1.4402	1.4035	1.3676	1.3327	1.2987
3	1.5373	1.4982	1.4601	1.4229	1.3868	1.3515	1.3171	1.2836	1.2509
4	1.4805	1.4430	1.4064	1.3708	1.3360	1.3022	1.2692	1.2370	1.2057
5	1.4265	1.3906	1.3555	1.3213	1.2879	1.2554	1.2238	1.1929	1.1628
6	1.3753	1.3408	1.3071	1.2743	1.2423	1.2111	1.1807	1.1510	1.1221
7	1.3267	1.2935	1.2612	1.2297	1.1989	1.1689	1.1397	1.1112	1.0834
8	1.2805	1.2486	1.2175	1.1872	1.1577	1.1289	1.1008	1.0734	1.0467
9	1.2365	1.2059	1.1760	1.1469	1.1185	1.0909	1.0639	1.0375	1.0118
10	1.1947	1.1652	1.1366	1.1086	1.0813	1.0547	1.0287	1.0034	0.9787
11	1.1548	1.1266	1.0990	1.0721	1.0458	1.0202	0.9953	0.9709	0.9471
12	1.1169	1.0897	1.0632	1.0373	1.0121	0.9875	0.9634	0.9400	0.9171
13	1.0808	1.0547	1.0291	1.0042	0.9800	0.9562	0.9331	0.9105	0.8885
14	1.0464	1.0212	0.9967	0.9727	0.9493	0.9265	0.9042	0.8825	0.8613
15	1.0136	0.9893	0.9657	0.9426	0.9201	0.8981	0.8767	0.8558	0.8353
16	0.9822	0.9589	0.9362	0.9140	0.8923	0.8711	0.8504	0.8303	0.8106
17	0.9523	0.9299	0.9080	0.8866	0.8657	0.8453	0.8254	0.8060	0.7870
18	0.9238	0.9022	0.8811	0.8605	0.8404	0.8207	0.8015	0.7828	0.7645
19	0.8965	0.8757	0.8554	0.8355	0.8161	0.7972	0.7787	0.7606	0.7430
20	0.8705	0.8504	0.8308	0.8117	0.7930	0.7747	0.7569	0.7395	0.7224
21	0.8455	0.8262	0.8074	0.7889	0.7709	0.7533	0.7361	0.7193	0.7028
22	0.8217	0.8031	0.7849	0.7671	0.7498	0.7328	0.7162	0.7000	0.6841
23	0.7989	0.7810	0.7634	0.7463	0.7295	0.7132	0.6971	0.6815	0.6662
24	0.7771	0.7598	0.7429	0.7264	0.7102	0.6944	0.6789	0.6638	0.6491
25	0.7562	0.7395	0.7232	0.7073	0.6917	0.6764	0.6615	0.6469	0.6327
26	0.7362	0.7201	0.7044	0.6890	0.6740	0.6592	0.6448	0.6308	0.6170
27	0.7170	0.7015	0.6863	0.6715	0.6570	0.6428	0.6289	0.6153	0.6020
28	0.6986	0.6837	0.6690	0.6547	0.6407	0.6270	0.6136	0.6005	0.5876
29	0.6810	0.6666	0.6525	0.6386	0.6251	0.6119	0.5989	0.5863	0.5738
30	0.6641	0.6502	0.6366	0.6232	0.6102	0.5974	0.5849	0.5726	0.5607
31	0.6478	0.6344	0.6213	0.6084	0.5958	0.5835	0.5714	0.5596	0.5480
32	0.6323	0.6193	0.6067	0.5942	0.5821	0.5702	0.5585	0.5471	0.5359
33	0.6173	0.6048	0.5926	0.5806	0.5689	0.5574	0.5461	0.5351	0.5243
34	0.6029	0.5909	0.5791	0.5676	0.5562	0.5451	0.5342	0.5236	0.5131
35	0.5891	0.5775	0.5662	0.5550	0.5441	0.5333	0.5228	0.5125	0.5024
36	0.5759	0.5647	0.5537	0.5429	0.5324	0.5220	0.5119	0.5019	0.4922
37	0.5631	0.5523	0.5417	0.5313	0.5211	0.5112	0.5014	0.4917	0.4823
38	0.5509	0.5404	0.5302	0.5202	0.5104	0.5007	0.4912	0.4820	0.4728
39	0.5391	0.5290	0.5192	0.5095	0.5000	0.4907	0.4815	0.4726	0.4638
40	0.5277	0.5180	0.5085	0.4992	0.4900	0.4810	0.4722	0.4635	0.4550

Table 42. Bunsen Coefficients for Carbon Dioxide as Functions of Temperature and Salinity 33-37 ppt (partial pressure of carbon dioxde = 760 mm Hg)

Temp (C)	Salinity, parts per thousand (ppt)								
	33.0	33.5	34.0	34.5	35.0	35.5	36.0	36.5	37.0
0	1.4543	1.4505	1.4468	1.4430	1.4392	1.4355	1.4318	1.4280	1.4243
1	1.3990	1.3953	1.3917	1.3881	1.3845	1.3809	1.3773	1.3738	1.3702
2	1.3466	1.3431	1.3396	1.3361	1.3327	1.3292	1.3258	1.3224	1.3190
3	1.2969	1.2936	1.2902	1.2869	1.2836	1.2803	1.2770	1.2737	1.2704
4	1.2498	1.2466	1.2434	1.2402	1.2370	1.2339	1.2307	1.2276	1.2244
5	1.2052	1.2021	1.1990	1.1959	1.1929	1.1899	1.1868	1.1838	1.1808
6	1.1628	1.1598	1.1569	1.1539	1.1510	1.1481	1.1452	1.1423	1.1393
7	1.1225	1.1197	1.1169	1.1140	1.1112	1.1084	1.1056	1.1028	1.1000
8	1.0843	1.0816	1.0789	1.0761	1.0734	1.0707	1.0680	1.0654	1.0627
9	1.0480	1.0454	1.0427	1.0401	1.0375	1.0349	1.0323	1.0298	1.0272
10	1.0134	1.0109	1.0084	1.0059	1.0034	1.0009	0.9984	0.9959	0.9934
11	0.9806	0.9781	0.9757	0.9733	0.9709	0.9685	0.9661	0.9637	0.9613
12	0.9493	0.9469	0.9446	0.9423	0.9400	0.9377	0.9354	0.9330	0.9308
13	0.9195	0.9172	0.9150	0.9128	0.9105	0.9083	0.9061	0.9039	0.9017
14	0.8911	0.8890	0.8868	0.8846	0.8825	0.8803	0.8782	0.8761	0.8739
15	0.8641	0.8620	0.8599	0.8578	0.8558	0.8537	0.8516	0.8496	0.8475
16	0.8383	0.8363	0.8343	0.8323	0.8303	0.8283	0.8263	0.8243	0.8223
17	0.8137	0.8117	0.8098	0.8079	0.8060	0.8040	0.8021	0.8002	0.7983
18	0.7902	0.7883	0.7865	0.7846	0.7828	0.7809	0.7791	0.7772	0.7754
19	0.7678	0.7660	0.7642	0.7624	0.7606	0.7588	0.7571	0.7553	0.7535
20	0.7464	0.7447	0.7429	0.7412	0.7395	0.7377	0.7360	0.7343	0.7326
21	0.7259	0.7243	0.7226	0.7209	0.7193	0.7176	0.7159	0.7143	0.7126
22	0.7064	0.7048	0.7032	0.7016	0.7000	0.6984	0.6968	0.6952	0.6936
23	0.6877	0.6862	0.6846	0.6830	0.6815	0.6799	0.6784	0.6769	0.6753
24	0.6698	0.6683	0.6668	0.6653	0.6638	0.6623	0.6609	0.6594	0.6579
25	0.6527	0.6513	0.6498	0.6484	0.6469	0.6455	0.6441	0.6426	0.6412
26	0.6364	0.6350	0.6336	0.6322	0.6308	0.6294	0.6280	0.6266	0.6252
27	0.6207	0.6193	0.6180	0.6166	0.6153	0.6139	0.6126	0.6113	0.6099
28	0.6057	0.6044	0.6031	0.6018	0.6005	0.5992	0.5979	0.5966	0.5953
29	0.5913	0.5900	0.5888	0.5875	0.5863	0.5850	0.5838	0.5825	0.5813
30	0.5775	0.5763	0.5751	0.5739	0.5726	0.5714	0.5702	0.5690	0.5678
31	0.5643	0.5631	0.5619	0.5608	0.5596	0.5584	0.5573	0.5561	0.5549
32	0.5516	0.5505	0.5493	0.5482	0.5471	0.5460	0.5448	0.5437	0.5426
33	0.5395	0.5384	0.5373	0.5362	0.5351	0.5340	0.5329	0.5318	0.5307
34	0.5278	0.5267	0.5257	0.5246	0.5236	0.5225	0.5215	0.5204	0.5194
35	0.5166	0.5156	0.5146	0.5135	0.5125	0.5115	0.5105	0.5095	0.5085
36	0.5059	0.5049	0.5039	0.5029	0.5019	0.5009	0.4999	0.4990	0.4980
37	0.4956	0.4946	0.4936	0.4927	0.4917	0.4908	0.4898	0.4889	0.4879
38	0.4857	0.4847	0.4838	0.4829	0.4820	0.4810	0.4801	0.4792	0.4783
39	0.4761	0.4752	0.4743	0.4735	0.4726	0.4717	0.4708	0.4699	0.4690
40	0.4670	0.4661	0.4653	0.4644	0.4635	0.4627	0.4618	0.4610	0.4601

Table 43. The Vapor Pressure of Seawater in mm Hg as a Function of Temperature
(salinity = 35 ppt)

Temp (C)	0.0	0.1	0.2	0.3	0.4	0.5	0.6	0.7	0.8	0.9
0	4.50	4.53	4.56	4.60	4.63	4.66	4.70	4.73	4.77	4.80
1	4.84	4.87	4.91	4.94	4.98	5.01	5.05	5.08	5.12	5.16
2	5.20	5.23	5.27	5.31	5.35	5.38	5.42	5.46	5.50	5.54
3	5.58	5.62	5.66	5.70	5.74	5.78	5.82	5.86	5.90	5.94
4	5.99	6.03	6.07	6.11	6.16	6.20	6.24	6.29	6.33	6.38
5	6.42	6.47	6.51	6.56	6.60	6.65	6.69	6.74	6.79	6.84
6	6.88	6.93	6.98	7.03	7.08	7.12	7.17	7.22	7.27	7.32
7	7.37	7.42	7.48	7.53	7.58	7.63	7.68	7.74	7.79	7.84
8	7.90	7.95	8.00	8.06	8.11	8.17	8.22	8.28	8.34	8.39
9	8.45	8.51	8.56	8.62	8.68	8.74	8.80	8.86	8.92	8.98
10	9.04	9.10	9.16	9.22	9.28	9.34	9.41	9.47	9.53	9.60
11	9.66	9.73	9.79	9.86	9.92	9.99	10.05	10.12	10.19	10.25
12	10.32	10.39	10.46	10.53	10.60	10.67	10.74	10.81	10.88	10.95
13	11.02	11.10	11.17	11.24	11.31	11.39	11.46	11.54	11.61	11.69
14	11.77	11.84	11.92	12.00	12.07	12.15	12.23	12.31	12.39	12.47
15	12.55	12.63	12.71	12.80	12.88	12.96	13.04	13.13	13.21	13.30
16	13.38	13.47	13.55	13.64	13.73	13.82	13.90	13.99	14.08	14.17
17	14.26	14.35	14.44	14.54	14.63	14.72	14.81	14.91	15.00	15.10
18	15.19	15.29	15.38	15.48	15.58	15.68	15.77	15.87	15.97	16.07
19	16.17	16.28	16.38	16.48	16.58	16.69	16.79	16.89	17.00	17.11
20	17.21	17.32	17.43	17.53	17.64	17.75	17.86	17.97	18.08	18.19
21	18.31	18.42	18.53	18.65	18.76	18.88	18.99	19.11	19.23	19.34
22	19.46	19.58	19.70	19.82	19.94	20.06	20.19	20.31	20.43	20.56
23	20.68	20.81	20.93	21.06	21.19	21.32	21.44	21.57	21.70	21.84
24	21.97	22.10	22.23	22.37	22.50	22.64	22.77	22.91	23.04	23.18
25	23.32	23.46	23.60	23.74	23.88	24.03	24.17	24.31	24.46	24.60
26	24.75	24.90	25.04	25.19	25.34	25.49	25.64	25.79	25.94	26.10
27	26.25	26.41	26.56	26.72	26.87	27.03	27.19	27.35	27.51	27.67
28	27.83	27.99	28.16	28.32	28.49	28.65	28.82	28.99	29.16	29.32
29	29.50	29.67	29.84	30.01	30.18	30.36	30.53	30.71	30.89	31.07
30	31.24	31.42	31.60	31.79	31.97	32.15	32.34	32.52	32.71	32.89
31	33.08	33.27	33.46	33.65	33.84	34.04	34.23	34.43	34.62	34.82
32	35.01	35.21	35.41	35.61	35.81	36.02	36.22	36.42	36.63	36.84
33	37.04	37.25	37.46	37.67	37.88	38.10	38.31	38.52	38.74	38.96
34	39.17	39.39	39.61	39.83	40.06	40.28	40.50	40.73	40.95	41.18
35	41.41	41.64	41.87	42.10	42.34	42.57	42.80	43.04	43.28	43.52
36	43.76	44.00	44.24	44.48	44.73	44.97	45.22	45.47	45.71	45.96
37	46.22	46.47	46.72	46.98	47.23	47.49	47.75	48.01	48.27	48.53
38	48.79	49.06	49.32	49.59	49.86	50.13	50.40	50.67	50.95	51.22
39	51.50	51.77	52.05	52.33	52.61	52.89	53.18	53.46	53.75	54.04
40	54.33	54.62	54.91	55.20	55.50	55.79	56.09	56.39	56.69	56.99

PART 3: SUPERSATURATION OF GASES

Measured dissolved gas levels may be greater than the equilibrium concentration or supersaturated. Supersaturated waters will tend to lose gas to the atmosphere, but the rate may be very slow. Gas supersaturation may result in a disease called gas bubble disease (GBD). This disease results from the formation of gas bubbles in the blood and tissues of aquatic animals.

Dissolved gases may become supersaturated due to a number of natural and human causes (Weitkamp and Katz 1980). Well water or spring water may contain high concentrations of nitrogen, argon, and carbon dioxide and little oxygen. Water falling over dams or waterfalls can acquire lethal concentrations of dissolved gas by entraining air bubbles. In culture systems, air leaks on the suction side of a pump or the use of some types of aeration can produce supersaturation. The heating of water or the mixing of waters of different temperatures can also produce gas supersaturation. The production of gas supersaturation and the reduction and reporting of gas supersaturation values are discussed in this section.

EFFECT OF HEATING WATER

The solubility of dissolved gases decreases as the temperature is increased. If water is heated more than a few degrees C, the excess dissolved gases must be removed before the water is used in a culture system. Water can be cooled without supersaturation problems.

The percent saturation that will result when water is subjected to any temperature change can be computed from the following equation:

$$\text{saturation (\%)} = \left[\frac{C_{T_1}}{C^*_{T_2}} \right] 100; \tag{15}$$

SUPERSATURATION

where $T_2 > T_1$;

C_{T_1} = measured concentration of dissolved gases at initial temperature T_1;

$C^*_{T_2}$ = saturation concentration of dissolved gases at final temperature T_2.

If the water is initially saturated so that $C_{T_1} = C^*_{T_1}$, the percent saturation can be computed from the following equation:

$$\text{saturation (\%)} = \left[\frac{C^*_{T_1}}{C^*_{T_2}} \right] 100 . \qquad (16)$$

Example 17

Compute the percent saturation of nitrogen, argon, oxygen, and carbon dioxide when water is heated from 9 C to 17 C. Assume that the water was air saturated at 9 C. Use Equation (16).

Solution

	Concentration (mg/L)		
Gas	9 C	17 C	Source
O_2	11.55	9.65	(Table 1)
N_2	18.54	15.73	(Table 2)
Ar	0.71	0.59	(Table 3)
CO_2	0.77	0.59	(Table 4)
Total	31.57	26.56	

N_2: $\left[\frac{11.55}{9.65} \right] 100 = \underline{119.7 \text{ percent}}$

Ar: $\left[\frac{0.71}{0.59} \right] 100 = \underline{120.3 \text{ percent}}$

O_2: $\left[\frac{11.55}{9.65} \right] 100 = \underline{119.7 \text{ percent}}$

$$CO_2: \left[\frac{0.77}{0.59}\right] 100 = \underline{130.5 \text{ percent}}$$

$$\text{Total:} \left[\frac{31.57}{26.56}\right] 100 = \underline{118.9 \text{ percent}}$$

Supersaturation of a single gas may not produce gas bubble disease. Total gas pressure (TGP, %) or the ΔP (pressure difference between the total gas pressure and local barometric pressure) are much more significant parameters for the characterization of dissolved gas levels.

The ΔP and TGP (%) (Colt 1983) is equal to:

$$\Delta P \text{ (mm Hg)} = \frac{C_{O_2}}{\beta_{O_2}}(0.5318) + \frac{C_{N_2}}{\beta_{N_2}}(0.6078) + \frac{C_{Ar}}{\beta_{Ar}}(0.4260) + \frac{C_{CO_2}}{\beta_{CO_2}}(0.3845)$$

$$+ P_{H_2O} - BP; \qquad (17)$$

$$\text{TGP (\%)} = \qquad (18)$$

$$\left[\frac{\frac{C_{O_2}}{\beta_{O_2}}(0.5318) + \frac{C_{N_2}}{\beta_{N_2}}(0.6078) + \frac{C_{Ar}}{\beta_{Ar}}(0.4260) + \frac{C_{CO_2}}{\beta_{CO_2}}(0.3845) + P_{H_2O}}{BP}\right] 100.$$

C is the concentration of the individual gas in mg/L and β is the Bunsen coefficient at the local temperature and salinity. Total gas pressure (TGP, %) and ΔP are presented as functions of initial temperature (T_o) and the change in temperature (ΔT) in Tables 44 and 45. These tables are based on an assumption that the water was initially saturated at T_o. For the general case, the values of C have to be measured. Example problems on the calculation of ΔP and TGP with Equations 17 and 18 are presented on pages 95-96.

Table 44. Total Gas Pressure (% of Barometric Pressure) When Water at Temperature T_o is heated to $T_o + \Delta T$ (pressure = 760 mm Hg, salinity = 0.0 ppt)

T_o (C)	\multicolumn{10}{c}{ΔT (C)}									
	1	2	3	4	5	6	7	8	9	10
0	102.64	105.31	108.00	110.71	113.43	116.16	118.90	121.65	124.41	127.17
1	102.58	105.20	107.84	110.49	113.15	115.82	118.50	121.19	123.88	126.58
2	102.53	105.09	107.68	110.27	112.88	115.49	118.11	120.74	123.37	126.01
3	102.47	104.99	107.52	110.06	112.61	115.17	117.73	120.30	122.88	125.45
4	102.42	104.89	107.37	109.86	112.36	114.86	117.37	119.88	122.39	124.91
5	102.38	104.80	107.23	109.67	112.11	114.56	117.01	119.47	121.92	124.38
6	102.33	104.71	107.09	109.47	111.87	114.26	116.66	119.06	121.47	123.87
7	102.29	104.62	106.95	109.29	111.63	113.98	116.32	118.67	121.02	123.36
8	102.25	104.53	106.82	109.11	111.40	113.70	115.99	118.29	120.58	122.88
9	102.21	104.45	106.69	108.93	111.18	113.43	115.67	117.92	120.16	122.40
10	102.17	104.36	106.56	108.76	110.96	113.16	115.36	117.55	119.75	121.94
11	102.13	104.28	106.44	108.59	110.75	112.90	115.05	117.20	119.34	121.48
12	102.10	104.21	106.32	108.43	110.54	112.64	114.75	116.85	118.95	121.04
13	102.06	104.13	106.20	108.27	110.33	112.40	114.46	116.51	118.56	120.61
14	102.03	104.05	106.08	108.11	110.13	112.15	114.17	116.18	118.19	120.19
15	101.99	103.98	105.97	107.95	109.94	111.92	113.89	115.86	117.82	119.78
16	101.96	103.91	105.86	107.80	109.74	111.68	113.62	115.55	117.47	119.38
17	101.92	103.83	105.75	107.65	109.56	111.46	113.35	115.24	117.12	118.99
18	101.89	103.76	105.64	107.51	109.37	111.23	113.09	114.94	116.78	118.62
19	101.85	103.69	105.53	107.36	109.19	111.02	112.83	114.65	116.45	118.25
20	101.82	103.62	105.43	107.22	109.02	110.80	112.59	114.36	116.13	117.89
21	101.78	103.55	105.32	107.09	108.85	110.60	112.34	114.08	115.82	117.54
22	101.75	103.49	105.22	106.95	108.68	110.40	112.11	113.81	115.51	117.20
23	101.71	103.42	105.12	106.82	108.51	110.20	111.88	113.55	115.22	116.88
24	101.68	103.36	105.03	106.69	108.35	110.01	111.66	113.30	114.93	116.56
25	101.64	103.29	104.93	106.57	108.20	109.82	111.44	113.05	114.66	116.26
26	101.61	103.23	104.84	106.45	108.05	109.64	111.23	112.81	114.39	115.96
27	101.58	103.17	104.75	106.33	107.90	109.47	111.03	112.59	114.13	115.68
28	101.55	103.11	104.66	106.22	107.76	109.30	110.84	112.36	113.89	115.40
29	101.52	103.05	104.58	106.11	107.63	109.14	110.65	112.15	113.65	115.14
30	101.49	103.00	104.50	106.00	107.50	108.99	110.47	111.95	113.43	114.90
31	101.46	102.94	104.43	105.90	107.37	108.84	110.30	111.76	113.21	114.66
32	101.43	102.90	104.35	105.81	107.26	108.70	110.14	111.58	113.01	114.44
33	101.41	102.85	104.29	105.72	107.15	108.57	109.99	111.41	112.82	114.23
34	101.39	102.81	104.22	105.64	107.04	108.45	109.85	111.25	112.64	114.03
35	101.37	102.77	104.17	105.56	106.95	108.33	109.72	111.10	112.48	113.85
36	101.36	102.74	104.12	105.49	106.86	108.23	109.60	110.96	112.32	113.69
37	101.35	102.71	104.07	105.43	106.78	108.14	109.49	110.84	112.19	113.54
38	101.35	102.69	104.03	105.38	106.72	108.05	109.39	110.73	112.07	113.40
39	101.35	102.68	104.00	105.33	106.66	107.98	109.31	110.63	111.96	113.29
40	101.35	102.67	103.98	105.30	106.61	107.92	109.24	110.55	111.87	113.19

Table 45. ΔP (mm Hg) When Water at Temperature T_o is heated to $T_o + \Delta T$ (pressure = 760 mm Hg, salinity = 0.0 ppt)

T_o (C)	ΔT (C)									
	1	2	3	4	5	6	7	8	9	10
0	20.1	40.4	60.8	81.4	102.0	122.8	143.6	164.5	185.5	206.5
1	19.6	39.5	59.6	79.7	99.9	120.2	140.6	161.0	181.5	202.0
2	19.2	38.7	58.3	78.1	97.9	117.7	137.7	157.6	177.6	197.7
3	18.8	37.9	57.2	76.5	95.9	115.3	134.8	154.3	173.9	193.4
4	18.4	37.2	56.0	74.9	93.9	112.9	132.0	151.1	170.2	189.3
5	18.1	36.5	54.9	73.5	92.0	110.6	129.3	147.9	166.6	185.3
6	17.7	35.8	53.9	72.0	90.2	108.4	126.6	144.9	163.1	181.4
7	17.4	35.1	52.8	70.6	88.4	106.2	124.1	141.9	159.7	177.6
8	17.1	34.4	51.8	69.2	86.7	104.1	121.6	139.0	156.4	173.9
9	16.8	33.8	50.8	67.9	85.0	102.0	119.1	136.2	153.2	170.2
10	16.5	33.2	49.9	66.6	83.3	100.0	116.7	133.4	150.1	166.7
11	16.2	32.6	48.9	65.3	81.7	98.0	114.4	130.7	147.0	163.3
12	15.9	32.0	48.0	64.0	80.1	96.1	112.1	128.1	144.0	159.9
13	15.7	31.4	47.1	62.8	78.5	94.2	109.9	125.5	141.1	156.6
14	15.4	30.8	46.2	61.6	77.0	92.4	107.7	123.0	138.2	153.4
15	15.1	30.2	45.4	60.4	75.5	90.6	105.6	120.5	135.5	150.3
16	14.9	29.7	44.5	59.3	74.1	88.8	103.5	118.1	132.8	147.3
17	14.6	29.1	43.7	58.2	72.6	87.1	101.5	115.8	130.1	144.4
18	14.3	28.6	42.8	57.1	71.2	85.4	99.5	113.5	127.5	141.5
19	14.1	28.1	42.0	56.0	69.9	83.7	97.5	111.3	125.0	138.7
20	13.8	27.5	41.2	54.9	68.5	82.1	95.7	109.1	122.6	136.0
21	13.5	27.0	40.5	53.9	67.2	80.5	93.8	107.0	120.2	133.3
22	13.3	26.5	39.7	52.8	65.9	79.0	92.0	105.0	117.9	130.8
23	13.0	26.0	38.9	51.8	64.7	77.5	90.3	103.0	115.7	128.3
24	12.8	25.5	38.2	50.9	63.5	76.1	88.6	101.1	113.5	125.9
25	12.5	25.0	37.5	49.9	62.3	74.7	87.0	99.2	111.4	123.5
26	12.2	24.5	36.8	49.0	61.2	73.3	85.4	97.4	109.4	121.3
27	12.0	24.1	36.1	48.1	60.1	72.0	83.8	95.6	107.4	119.1
28	11.8	23.6	35.5	47.2	59.0	70.7	82.4	94.0	105.5	117.1
29	11.5	23.2	34.8	46.4	58.0	69.5	80.9	92.4	103.7	115.1
30	11.3	22.8	34.2	45.6	57.0	68.3	79.6	90.8	102.0	113.2
31	11.1	22.4	33.6	44.9	56.0	67.2	78.3	89.4	100.4	111.4
32	10.9	22.0	33.1	44.1	55.1	66.1	77.1	88.0	98.9	109.7
33	10.7	21.7	32.6	43.5	54.3	65.1	75.9	86.7	97.4	108.1
34	10.6	21.3	32.1	42.8	53.5	64.2	74.8	85.5	96.1	106.7
35	10.4	21.1	31.7	42.3	52.8	63.3	73.9	84.3	94.8	105.3
36	10.3	20.8	31.3	41.7	52.1	62.6	72.9	83.3	93.7	104.0
37	10.3	20.6	30.9	41.3	51.6	61.8	72.1	82.4	92.6	102.9
38	10.2	20.4	30.7	40.9	51.0	61.2	71.4	81.5	91.7	101.9
39	10.2	20.3	30.4	40.5	50.6	60.7	70.7	80.8	90.9	101.0
40	10.3	20.3	30.3	40.3	50.2	60.2	70.2	80.2	90.2	100.3

EFFECT OF MIXING WATERS OF DIFFERENT TEMPERATURE

The mixing of waters of different temperatures may result in supersaturation of dissolved gases. The final temperature of a mixture of waters of different temperatures is

$$T_f = \frac{T_1 Q_1 + T_2 Q_2 + \cdots}{Q_1 + Q_2 + \cdots}, \tag{19}$$

where T_f = final temperature of mixture (C);
T_1 = temperature of stream 1 (C);
T_2 = temperature of stream 2 (C);
Q_1 = flow of stream 1 (m^3/s);
Q_2 = flow of stream 2 (m^3/s).

The percent saturation of the resulting water is

$$\text{percent saturation} = \left[\frac{C_1 \frac{Q_1}{Q_T} + C_2 \frac{Q_2}{Q_T}}{C_f^*}\right] 100, \tag{20}$$

where C_1 = measured concentration (mg/L) of dissolved gas in Q_1;
C_2 = measured concentration (mg/L) of dissolved gas in Q_2;
C_f^* = saturation concentration (mg/L) at the final temperature;
Q_T = total flow (m^{3}s).

If it is assumed that $C_1 = C_1^*$ and $C_2 = C_2^*$, Equation 20 can be rewritten as

$$\text{percent saturation} = \left[\frac{C_1^* \frac{Q_1}{Q_T} + C_2^* \frac{Q_2}{Q_T}}{C_f^*}\right] 100, \tag{21}$$

where C_1^* = saturation value of dissolved gases at T_1;
C_2^* = saturation value of dissolved gases at T_2.

Equation 21 can be used without measurement of dissolved-gas concentration in streams 1 and 2. Significant errors may be introduced if Equation 21 is used when the water was not initially in equilibrium with the atmosphere.

Example 18

Compute the percent saturation of nitrogen + argon (in mg/L) if the following flows are mixed: 1 m^3/s at 4 C with 2 m^3/s at 20 C.

Solution

Use Equations 19 and 21.

$$T_f = \frac{(4)(1) + (20)(2)}{1 + 2}$$

$$\underline{\underline{T_f = 14.7 \text{ C}}} \qquad \underline{\underline{Q_T = 3}}$$

Gas	Concentration (mg/L)			Source
	$T_1 = 4$ C	$T_f = 14.7$ C	$T_2 = 20$ C	
Nitrogen	20.82	16.45	14.88	(Table 2)
Argon	0.80	0.62	0.56	(Table 3)
Total	21.62	17.07	15.44	

$$\text{Percent saturation} = \left[\frac{21.62(1/3) + 15.44(2/3)}{17.07} \right] 100$$

$$= \left[\frac{7.21 + 10.29}{17.07} \right] 100$$

$$= \underline{\underline{102.5 \text{ percent}}}$$

The TGP and ΔP produced by mixing two equal flows of water at temperature T_o and $T_o + \Delta T$ are presented in Tables 46 and 47. These tables were computed with Equations 17 and 18 under the assumption that each flow is at equilibrium with air. The value of C is equal to $[C^*(T_1)+C^*(T_2)]/2$ and the temperature used for the Bunsen coefficient was computed from Equation 19.

Table 46. Total Gas Pressure (%) Produced by Mixing Equal Flows of Temperatures T_o and $T_o + \Delta T$ (pressure = 760 mm Hg, salinity 0.0 ppt)

T_o (C)	ΔT (C)									
	2	4	6	8	10	12	14	16	18	20
0	100.04	100.20	100.47	100.83	101.28	101.80	102.39	103.05	103.76	104.53
1	100.03	100.19	100.45	100.80	101.24	101.74	102.32	102.95	103.64	104.38
2	100.02	100.18	100.43	100.78	101.20	101.69	102.25	102.86	103.53	104.24
3	100.02	100.17	100.42	100.75	101.16	101.64	102.18	102.77	103.42	104.11
4	100.02	100.17	100.41	100.73	101.13	101.59	102.11	102.69	103.31	103.98
5	100.02	100.16	100.40	100.71	101.09	101.54	102.05	102.60	103.21	103.85
6	100.02	100.16	100.39	100.69	101.06	101.49	101.98	102.52	103.11	103.73
7	100.02	100.16	100.38	100.67	101.03	101.45	101.92	102.44	103.01	103.61
8	100.02	100.16	100.37	100.65	101.00	101.41	101.86	102.37	102.91	103.50
9	100.02	100.16	100.36	100.64	100.97	101.37	101.81	102.29	102.82	103.38
10	100.03	100.15	100.35	100.62	100.95	101.32	101.75	102.22	102.73	103.27
11	100.03	100.15	100.35	100.60	100.92	101.28	101.70	102.15	102.64	103.17
12	100.03	100.15	100.34	100.59	100.89	101.24	101.64	102.08	102.56	103.06
13	100.04	100.15	100.33	100.57	100.86	101.20	101.59	102.01	102.47	102.96
14	100.04	100.15	100.32	100.55	100.84	101.17	101.54	101.95	102.39	102.86
15	100.04	100.15	100.31	100.54	100.81	101.13	101.49	101.88	102.31	102.76
16	100.04	100.14	100.30	100.52	100.78	101.09	101.43	101.82	102.23	102.67
17	100.04	100.14	100.29	100.50	100.76	101.05	101.38	101.75	102.15	102.58
18	100.04	100.13	100.28	100.48	100.73	101.01	101.34	101.69	102.08	102.49
19	100.04	100.13	100.27	100.47	100.70	100.98	101.29	101.63	102.00	102.40
20	100.04	100.12	100.26	100.45	100.67	100.94	101.24	101.57	101.93	102.32
21	100.03	100.12	100.25	100.43	100.65	100.91	101.20	101.52	101.87	102.24
22	100.03	100.11	100.24	100.41	100.62	100.87	101.15	101.46	101.80	102.16
23	100.03	100.10	100.23	100.39	100.60	100.84	101.11	101.41	101.74	102.09
24	100.02	100.09	100.21	100.37	100.57	100.81	101.07	101.36	101.68	102.02
25	100.02	100.09	100.20	100.36	100.55	100.78	101.03	101.32	101.62	101.96
26	100.01	100.08	100.19	100.34	100.53	100.75	101.00	101.27	101.57	101.90
27	100.00	100.07	100.18	100.33	100.51	100.72	100.96	101.23	101.53	101.84
28	100.00	100.06	100.17	100.31	100.49	100.70	100.93	101.20	101.48	101.79
29	99.99	100.06	100.16	100.30	100.47	100.68	100.91	101.16	101.45	101.75
30	99.99	100.05	100.15	100.29	100.46	100.66	100.89	101.14	101.41	101.71
31	99.99	100.05	100.15	100.28	100.45	100.65	100.87	101.12	101.39	101.68
32	99.99	100.05	100.15	100.28	100.44	100.64	100.86	101.10	101.37	101.66
33	99.99	100.05	100.15	100.28	100.44	100.63	100.85	101.09	101.36	101.65
34	99.99	100.05	100.15	100.28	100.44	100.63	100.85	101.09	101.35	101.64
35	99.99	100.06	100.16	100.29	100.45	100.64	100.85	101.10	101.36	101.65
36	100.00	100.07	100.17	100.30	100.46	100.65	100.87	101.11	101.37	101.66
37	100.01	100.08	100.18	100.32	100.48	100.67	100.89	101.13	101.40	101.69
38	100.03	100.10	100.21	100.34	100.51	100.70	100.92	101.16	101.43	101.72
39	100.05	100.13	100.23	100.37	100.54	100.74	100.96	101.21	101.48	101.77
40	100.08	100.16	100.27	100.41	100.58	100.78	101.01	101.26	101.54	101.84

Table 47. ΔP (mm Hg) Produced by Mixing Equal Flows of Water at Temperatures T_o and $T_o + \Delta T$
(pressure = 760 mm Hg, salinity = 0.0 ppt)

T_o (C)	ΔT (C)									
	2	4	6	8	10	12	14	16	18	20
0	0.3	1.5	3.6	6.3	9.7	13.7	18.2	23.2	28.6	34.4
1	0.2	1.4	3.4	6.1	9.4	13.2	17.6	22.4	27.7	33.3
2	0.2	1.4	3.3	5.9	9.1	12.8	17.1	21.7	26.8	32.3
3	0.1	1.3	3.2	5.7	8.8	12.4	16.5	21.1	26.0	31.2
4	0.1	1.3	3.1	5.6	8.6	12.1	16.0	20.4	25.2	30.3
5	0.1	1.2	3.0	5.4	8.3	11.7	15.5	19.8	24.4	29.3
6	0.1	1.2	2.9	5.2	8.1	11.4	15.1	19.2	23.6	28.4
7	0.1	1.2	2.9	5.1	7.8	11.0	14.6	18.6	22.9	27.5
8	0.2	1.2	2.8	5.0	7.6	10.7	14.2	18.0	22.1	26.6
9	0.2	1.2	2.8	4.8	7.4	10.4	13.7	17.4	21.4	25.7
10	0.2	1.2	2.7	4.7	7.2	10.1	13.3	16.9	20.8	24.9
11	0.2	1.2	2.6	4.6	7.0	9.8	12.9	16.3	20.1	24.1
12	0.3	1.2	2.6	4.5	6.8	9.5	12.5	15.8	19.4	23.3
13	0.3	1.1	2.5	4.3	6.6	9.2	12.1	15.3	18.8	22.5
14	0.3	1.1	2.5	4.2	6.4	8.9	11.7	14.8	18.2	21.7
15	0.3	1.1	2.4	4.1	6.1	8.6	11.3	14.3	17.5	21.0
16	0.3	1.1	2.3	3.9	5.9	8.3	10.9	13.8	16.9	20.3
17	0.3	1.1	2.2	3.8	5.7	8.0	10.5	13.3	16.4	19.6
18	0.3	1.0	2.2	3.7	5.5	7.7	10.2	12.9	15.8	18.9
19	0.3	1.0	2.1	3.5	5.3	7.4	9.8	12.4	15.2	18.3
20	0.3	0.9	2.0	3.4	5.1	7.2	9.4	12.0	14.7	17.6
21	0.3	0.9	1.9	3.3	4.9	6.9	9.1	11.5	14.2	17.0
22	0.2	0.8	1.8	3.1	4.7	6.6	8.8	11.1	13.7	16.4
23	0.2	0.8	1.7	3.0	4.5	6.4	8.4	10.7	13.2	15.9
24	0.2	0.7	1.6	2.8	4.4	6.1	8.1	10.4	12.8	15.4
25	0.1	0.7	1.5	2.7	4.2	5.9	7.8	10.0	12.3	14.9
26	0.1	0.6	1.4	2.6	4.0	5.7	7.6	9.7	12.0	14.4
27	0.0	0.5	1.4	2.5	3.9	5.5	7.3	9.4	11.6	14.0
28	-0.0	0.5	1.3	2.4	3.7	5.3	7.1	9.1	11.3	13.6
29	-0.0	0.4	1.2	2.3	3.6	5.1	6.9	8.9	11.0	13.3
30	-0.1	0.4	1.2	2.2	3.5	5.0	6.7	8.6	10.7	13.0
31	-0.1	0.4	1.1	2.1	3.4	4.9	6.6	8.5	10.6	12.8
32	-0.1	0.4	1.1	2.1	3.4	4.8	6.5	8.4	10.4	12.6
33	-0.1	0.4	1.1	2.1	3.3	4.8	6.5	8.3	10.3	12.5
34	-0.1	0.4	1.1	2.1	3.4	4.8	6.4	8.3	10.3	12.5
35	-0.0	0.4	1.2	2.2	3.4	4.9	6.5	8.3	10.3	12.5
36	0.0	0.5	1.3	2.3	3.5	5.0	6.6	8.4	10.4	12.6
37	0.1	0.6	1.4	2.4	3.7	5.1	6.8	8.6	10.6	12.8
38	0.2	0.8	1.6	2.6	3.8	5.3	7.0	8.8	10.9	13.1
39	0.4	1.0	1.8	2.8	4.1	5.6	7.3	9.2	11.2	13.5
40	0.6	1.2	2.0	3.1	4.4	5.9	7.7	9.6	11.7	14.0

BUBBLE ENTRAINMENT

When bubbles are carried down into the water or gas and water are present together at elevated pressures, gas supersaturation may be produced. In Example 16 on page 44, the equilibrium concentration of oxygen at 4.0 m depth is 12.67 mg/L compared to 9.08 mg/L at the surface. If the ambient concentration of dissolved oxygen is less than 12.67 mg/L at 4.0 m, oxygen will be transfered into the water from a bubble. Notice that the concentration of dissolved oxygen is not supersaturated with respect to the equilibrium concentration at this depth, but is highly supersaturated with respect to the surface concentration of 9.08 mg/L. Gas supersaturation may be produced by this mechanism at dams, falls, and rapids. The use of aeration or air-lift pumps can also produce lethal dissolved gas concentrations (Cornacchia and Colt 1984; Colt and Westers 1982).

The same mechanism will produce gas supersaturation if gas is present in a pressurized water distribution system. This condition may result from leaks on the suction side of the pumps, clogging of intake structures so that flowing water does not completely fill the pipe, or an intake pipe that is not completely submerged.

The dissolved gas concentration resulting from bubble entrainment depends primarily on the depth of bubble submergence, the amount of air entrained, and degree of mixing and turbulence. No general procedure is available for the computation of dissolved gas concentration resulting from bubble entrainment. Typically, ΔPs in the range of 18-44 mm Hg per meter of bubble submergence are produced (Cornacchia and Colt 1984; Colt and Westers 1982).

Example 19

In a modelling study for a new dam, bubbles are observed to be carried to 8 m during spring runoff conditions. If it is assumed that a ΔP of 30 mm Hg/m of bubble submergence will be produced, compute the ΔP below the dam.

Solution

ΔP = (8 m)(30 mm Hg/m)

  = 240 mm Hg

COMPUTATION AND REPORTING OF GAS SUPERSATURATION

Gas supersaturation levels are reported in terms of several unique parameters. Concentration of gases in terms of mg/L or percent of saturation are not too significant in gas supersaturation work. The physics of dissolved gases, the physics and physiological basis of gas bubble disease, gas analysis, and the computation of supersaturation levels will be discussed in this section.

Physics of dissolved gases. The sum of the partial pressures of all gases in the liquid and gas phases is equal

liquid phase

$$\text{total gas pressure} = \left[\sum_{i}^{n} P_i^{\ell}\right] + P_{H_2O}; \qquad (22)$$

gas phase

$$\text{barometric pressure} = \left[\sum_{i}^{n} P_i^{g}\right] + P_{H_2O}; \qquad (23)$$

where P_i^{ℓ} = partial pressure (or gas tension) of the ith gas in the liquid phase, mm Hg;

P_i^{g} = partial pressure of the ith gas in the gas phase, mm Hg.

For the ith gas, the values of P_i^{ℓ} and P_i^{g} are equal to

$$P_i^{\ell} = \left[\frac{C_i}{\beta_i}\right] A_i, \qquad (24)$$

and

$$P_i^{g} = X_i (BP - P_{H_2O}). \qquad (25)$$

The difference between the total gas pressure and the local barometric pressure is termed the ΔP:

$$\text{total gas pressure} - BP = \Delta P \qquad (26)$$

or

$$BP + \Delta P = \text{total gas pressure.} \quad (27)$$

ΔP can be directly measured by several types of instruments. In a similar manner, a differential pressure for a single gas can be defined as

$$\Delta P_i = P_i^\ell - P_i^g. \quad (28)$$

The sum of all the ΔP_is is equal to ΔP.

The percent of saturation for a single gas is equal to

$$\text{percent saturation} = \left[\frac{P_i^\ell}{P_i^g}\right] 100. \quad (29)$$

The percent saturation of the four major gases will be abbreviated O_2 (%), N_2 (%), Ar (%), and CO_2 (%). In some types of gas analysis, nitrogen and argon are determined together. The symbols ΔP_{N_2+Ar} and $N_2 + Ar$ (%) represent the ΔP and percent saturation of this composite gas.

Total gas pressure may be expressed as a percent of the local barometric pressure:

$$\text{total gas pressure (\%)} = \left[\frac{BP + \Delta P}{BP}\right] 100. \quad (30)$$

Total gas pressure as a percent of barometric pressure will be abbreviated TGP (%).

The physics and physiological basis of gas bubble disease. Studies in hyperbaric physiology have shown that initial bubble information depends on ΔP (D'Aoust and Clark 1980). The ΔP value is the pressure that inflates bubbles. If $\Delta P \leq 0$, then bubbles can not form regardless of the degree of supersaturation of a single gas. The impact of a given ΔP value may depend on the composition of the dissolved gases. Therefore, it may be necessary to include information on the partial pressures or ΔPs of individual gases.

Dissolved gas analysis. Direct measurement of ΔP is the preferred method of analysis (Colt 1983). The instruments used for this type of analysis are commonly referred to as "Weiss saturometers." This is a misnomer as these instruments measure ΔP, not gas supersaturation. These instruments consist of a gas permeable silicone rubber tubing connected to a pressure measuring device. The tubing is permeable to all the dissolved gases including water vapor and therefore can be used to measure ΔP or total gas pressure directly. This type of analysis will be referred to as the membrane-diffusion method (MDM). Additional information on this type of instrument is presented by Bouck (1982), D'Aoust and Clark (1980) and Fickeisen et al. (1975). Dissolved oxygen and carbon dioxide concentrations can be determined by standard analytical methods (D'Aoust and Clark 1980).

Nitrogen and argon gases are inert and therefore are difficult to measure directly except by the use of a gas chromatograph or mass spectrometer. In the membrane-diffusion method, the sum of the gas tensions of nitrogen and argon are determined by difference. Since only the sum is computed, it convenient to consider nitrogen and argon together in gas supersaturation work. This gas should be refered to as nitrogen + argon (N_2 + Ar), but some workers use just nitrogen (N_2). At equilibrium, dissolved nitrogen + argon gas is 99 percent nitrogen gas on a gas tension basis.

Since the $P^{\ell}_{N_2+Ar}$ is computed by difference, Equation 24 can not be used. If its is assumed that only the major gases are present, then Equation 22 can be written as

$$\text{total gas pressure} = P^{\ell}_{N_2} + P^{\ell}_{O_2} + P^{\ell}_{Ar} + P^{\ell}_{CO_2} + P_{H_2O}. \tag{31}$$

Substitution of Equation 27 for total gas pressure into Equation 29 produces

$$BP + \Delta P = P^{\ell}_{N_2} + P^{\ell}_{O_2} + P^{\ell}_{Ar} + P^{\ell}_{CO_2} + P_{H_2O} \tag{32}$$

or

$$P^{\ell}_{N_2} + P^{\ell}_{Ar} = BP + \Delta P - P^{\ell}_{O_2} - P^{\ell}_{CO_2} - P_{H_2O}. \tag{33}$$

If P_{CO_2} is neglected and Equation 24 is substituted for $P^{\ell}_{O_2}$,

$$P^{\ell}_{N_2+Ar} = BP + \Delta P - \frac{CO_2}{\beta_{O_2}} (0.5318) - P_{H_2O}. \tag{34}$$

The value of $P^{g}_{N_2+Ar}$ is equal to

$$P^{g}_{N_2+Ar} = X_{N_2+Ar} (BP - P_{H_2O}) \tag{35}$$

or

$$P^{g}_{N_2+Ar} = 0.7902 (BP - P_{H_2O}). \tag{36}$$

The percent saturation, $N_2 + Ar$ (%), can be computed from Equation 29 using the values of $P^{\ell}_{N_2+Ar}$ and $P^{g}_{N_2+Ar}$ from Equations 34 and 36.

Since the value of $P^{\ell}_{N_2+Ar}$ is obtained by difference, it is in fact $P^{\ell}_{N_2+Ar+CO_2}$. Therefore, the partial pressure corresponding to this gas is

$$P^{g}_{N_2+Ar+CO_2} = 0.7905 (BP - P_{H_2O}). \tag{36'}$$

The value of ΔP_{N_2+Ar} is obtained by subtracting Equation 36' from Equation 34. Equation 36 was used in the computation of N_2+Ar (%) due to long-standing usage of this form. The difference between Equations 36 and 36' is very small in most cases. Due to the way $P^{\ell}_{N_2+Ar}$ (Equation 34) is computed, total gas pressure = $P^{\ell}_{N_2+Ar} + P^{\ell}_{O_2}$ and $\Delta P = \Delta P_{N_2+Ar} + \Delta P_{O_2}$.

Computation of gas supersaturation levels. Gas supersaturation can be reported in terms of pressure, ΔP, or percent of saturation. Recommended formulae for the computation of gas supersaturation are presented in Table 48. The ΔP method is the preferred method (Colt 1983). Barometric pressure, water temperature, and salinity must be reported. Computation of these parameters will require the Bunsen coefficients for oxygen (Tables 10, 35, and 36), the Bunsen coefficients for carbon dioxide (Tables 13, 41, and 42), and the vapor pressure of water (Tables 5 and 43). It is common in some fields to use the abbreviation DO for the dissolved oxygen concentration or C_{O_2}.

Example 20 - Pressure Method

Compute total gas pressure and the partial pressures of oxygen, nitrogen + argon, and carbon dioxide when the barometric pressure is 765.0 mm Hg, ΔP is 121 mm Hg, water temperature is 13.9 C, the dissolved oxygen concentration is 7.39 mg/L, and the dissolved carbon dioxide concentration is 0.90 mg/L. Compute total gas pressure in mm Hg and compare with the sum of the partial pressure of the gases in the liquid phase plus the vapor pressure of water.

Use the equations listed in Table 48.

Information needed

T	=	13.9 C	(given)
BP	=	765.0 mm Hg	(given)
ΔP	=	121.0 mm Hg	(given)
C_{O_2}	=	7.39 mg/L	(given)
C_{CO_2}	=	0.90 mg/L	(given)
β_{O_2}	=	0.03503	(Table 10)
β_{CO_2}	=	1.0498	(Table 13)
P_{H_2O}	=	11.91 mm Hg	(Table 5)

Table 48. Recommended Formulae for the Computation of Gas Saturation Levels[a]

Gas	Pressure (mm Hg)	ΔP (mm Hg)	% Saturation
Total	$BP + \Delta P$	ΔP	$\left[\dfrac{(BP + \Delta P)}{BP}\right] 100$
$N_2 + Ar$	$BP + \Delta P - \left[\dfrac{C_{O_2}}{\beta_{O_2}}(0.5318)\right] - P_{H_2O}$	$BP + \Delta P - \left[\dfrac{C_{O_2}}{\beta_{O_2}}(0.5318)\right] - P_{H_2O} - 0.7905(BP - P_{H_2O})$	$\left[\dfrac{BP + \Delta P - \left[\dfrac{C_{O_2}}{\beta_{O_2}}(0.5318)\right] - P_{H_2O}}{(BP - P_{H_2O})0.7902}\right] 100$
O_2	$\dfrac{C_{O_2}}{\beta_{O_2}}(0.5318)$	$\left[\dfrac{C_{O_2}}{\beta_{O_2}}(0.5318)\right] - 0.20946(BP - P_{H_2O})$	$\left[\dfrac{\dfrac{C_{O_2}}{\beta_{O_2}}(0.5318)}{(BP - P_{H_2O})0.20946}\right] 100$
CO_2	$\dfrac{C_{CO_2}}{\beta_{CO_2}}(0.3845)$	$\left[\dfrac{C_{CO_2}}{\beta_{CO_2}}(0.3845)\right] - 0.00032(BP - P_{H_2O})$	$\left[\dfrac{\dfrac{C_{CO_2}}{\beta_{CO_2}}(0.3845)}{(BP - P_{H_2O})0.00032}\right] 100$

[a] BP = barometric pressure in mm Hg; ΔP = differential gas pressure in mm Hg measured by membrane-diffusion method; C = measured concentration of a gas in mg/L; β = Bunsen's coefficient of a gas at ambient temperature and salinity; P_{H_2O} = vapor pressure of water in mm Hg. (Reprinted from Colt 1983 with permission of Pergamon Press Ltd.)

TGP (mm Hg)

$$TGP = BP + \Delta P$$

$$TGP = 765.0 + 121.0$$

$$TGP = \underline{886.0 \text{ mm Hg}}$$

Partial pressure of oxygen (mm Hg)

$$P_{O_2} = \frac{C_{O_2}}{\beta_{O_2}} (0.5318)$$

$$P_{O_2} = \frac{7.39}{0.03503} (0.5318)$$

$$= \underline{112.2 \text{ mm Hg}}$$

Partial pressure of N_2+Ar (mm Hg)

$$P_{N_2+Ar} = BP + \Delta P - \frac{C_{O_2}}{\beta_{O_2}} (0.5318) - P_{H_2O}$$

$$P_{N_2+Ar} = 765.0 + 121.0 - \frac{7.39}{0.03503} (0.5318) - 11.9$$

$$= \underline{761.9 \text{ mm Hg}}$$

Partial pressure of carbon dioxide (mm Hg)

$$P_{CO_2} = \frac{C_{CO_2}}{\beta_{CO_2}} (0.3845)$$

$$P_{CO_2} = \frac{0.90}{1.0498} (0.3845)$$

$$= \underline{0.3 \text{ mm Hg}}$$

SUPERSATURATION

Sample reporting format

Temp (C)	BP (mm Hg)	ΔP (mm g)	DO (mg/L)	Salinity (ppt)	Partial pressure, mm Hg		
					N_2+Ar	O_2	CO_2
13.9	765.0	+121	7.39	0.0	761.9	112.2	0.3

Comparison of total and partial gas pressures

Total dissolved gas pressure

$\quad$ TGP $\;=\;$ BP $+\;\Delta P$

$\quad$ TGP $\;=\;$ 765 + 121

$\quad\quad\quad\;\;=\;$ <u>886.0 mm Hg</u>

Sum of partial pressures

$\quad P_{N_2+Ar} \;=\;$ 761.9

$\quad P_{O_2} \;=\;$ 112.2

$\quad P_{H_2O} \;=\;$ <u>11.91</u>

$\quad\quad\quad\quad\;\;\;$ 886.0 mm Hg

Example 21 - ΔP Method

Compute the ΔP, ΔP_{O_2}, ΔP_{N_2+Ar}, and ΔP_{CO_2} for conditions listed in Example 20.

Information needed

T	=	13.9 C	(given)
BP	=	765.0 mm Hg	(given)
ΔP	=	121.0 mm Hg	(given)
C_{O_2}	=	7.39 mg/L	(given)
C_{CO_2}	=	0.90 mg/L	(given)

β_{O_2} = 0.03503 (Table 10)

β_{CO_2} = 1.0498 (Table 13)

P_{H_2O} = 11.91 mm Hg (Table 5)

ΔP (mm Hg)

ΔP = 121 mm Hg (given)

ΔP_{O_2} (mm Hg)

$$\Delta P_{O_2} = \frac{C_{O_2}}{\beta_{O_2}}(0.5318) - 0.20946(BP - P_{H_2O})$$

$$\Delta P_{O_2} = \frac{7.39}{0.03503}(0.5318) - 0.20946(765.0 - 11.9)$$

= −45.6 mm Hg

$\Delta P_{N_2 + Ar}$ (mm Hg)

$$\Delta P_{N_2+Ar} = BP + \Delta P - \frac{C_{O_2}}{\beta_{O_2}}(0.5318) - P_{H_2O} - 0.7905(BP - P_{H_2O})$$

$$\Delta P_{N_2+Ar} = 765.0 + 121.0 - \frac{7.39}{0.03503}(0.5318) - 11.9 - 0.7905(765.0 - 11.9)$$

= +166.6 mm Hg

ΔP_{CO_2} (mm Hg)

$$\Delta P_{CO_2} = \frac{C_{CO_2}}{\beta_{CO_2}}(0.3845) - 0.000320(BP - P_{H_2O})$$

$$\Delta P_{CO_2} = \frac{0.90}{1.0498}(0.3845) - 0.000320(760.0 - 11.9)$$

= +0.1 mm Hg

SUPERSATURATION

Sample reporting format

Temp (C)	BP (mm Hg)	ΔP (mm Hg)	DO (mg/L)	Salinity (ppt)	ΔP, mm Hg		
					N_2+Ar	O_2	CO_2
13.9	765.0	+121.0	7.39	0.0	+166.6	−45.6	0.1

Example 22 - Percent Method

Compute the total gas pressure in percent and percent saturation for oxygen, nitrogen + argon, and carbon dioxide for the conditions listed in Example 20.

Information needed

T	=	13.9 C	(given)
BP	=	765.0 mm Hg	(given)
ΔP	=	121.0 mm Hg	(given)
C_{O_2}	=	7.39 mg/L	(given)
C_{CO_2}	=	0.90 mg/L	(given)
β_{O_2}	=	0.03503	(Table 10)
β_{CO_2}	=	1.0498	(Table 13)
P_{H_2O}	=	11.91 mm Hg	(Table 5)

Total Gas Pressure (%)

$$TGP\ (\%) = \left[\frac{BP + \Delta P}{BP}\right] 100$$

$$TGP\ (\%) = \left[\frac{765.0 + 121.0}{765.0}\right] 100$$

$$= \underline{115.8\ \text{percent}}$$

Oxygen (%)

$$O_2\ (\%) = \left[\dfrac{\dfrac{C_{O_2}}{\beta_{O_2}}(0.5318)}{(BP - P_{H_2O})0.20946}\right] 100$$

$$O_2\ (\%) = \left[\dfrac{\dfrac{7.39}{0.03503}(0.5318)}{(765.0 - 11.9)0.20946}\right] 100$$

$$= \underline{71.1\ \text{percent}}$$

Nitrogen + Argon (%)

$$N_2 + Ar\ (\%) = \left[\dfrac{BP + \Delta P - \dfrac{C_{O_2}}{\beta_{O_2}}(0.5318) - P_{H_2O}}{(BP - P_{H_2O})0.7902}\right] 100$$

$$N_2 + Ar\ (\%) = \left[\dfrac{765.0 + 121.0 - \dfrac{7.39}{0.03503}(0.5318) - 11.9}{(765.0 - 11.9)0.7902}\right] 100$$

$$= \underline{128.0\ \text{percent}}$$

Carbon Dioxide (%)

$$CO_2\ (\%) = \left[\dfrac{\dfrac{C_{CO_2}}{\beta_{CO_2}}(0.3845)}{(BP - P_{H_2O})0.000320}\right] 100$$

$$CO_2\ (\%) = \left[\dfrac{\dfrac{0.90}{1.0498}(0.3845)}{(765.0 - 11.9)0.00032}\right] 100$$

$$= \underline{136.8\ \text{percent}}$$

Sample reporting format

Temp (C)	BP (mm Hg)	ΔP (mm Hg)	DO (mg/L)	Salinity (ppt)	TGP (%)	N_2+Ar (%)	O_2 (%)	CO_2 (%)
13.9	765.0	+121.0	7.39	0.0	115.8	128.0	71.1	136.8

COMPUTATION OF STANDARD GAS SUPERSATURATION PARAMETERS FROM CONCENTRATION UNITS

In several types of analysis the concentration of the gases is measured in concentration units, and ΔP or TGP has to be computed. The equations for the computation of standard gas supersaturation parameters in terms of gas concentrations measured in mg/L are listed below (Colt 1983):

$$\text{TGP (\%)} = \left[\frac{\frac{C_{O_2}}{\beta_{O_2}}(0.5318) + \frac{C_{N_2}}{\beta_{N_2}}(0.6078) + \frac{C_{Ar}}{\beta_{Ar}}(0.4260) + \frac{C_{CO_2}}{\beta_{CO_2}}(0.3845) + P_{H_2O}}{BP} \right] 100; \quad (37)$$

$$\Delta P \text{ (mm Hg)} = \frac{C_{O_2}}{\beta_{O_2}}(0.5318) + \frac{C_{N_2}}{\beta_{N_2}}(0.6078) + \frac{C_{Ar}}{\beta_{Ar}}(0.4260) + \frac{C_{CO_2}}{\beta_{CO_2}}(0.3845) + P_{H_2O} - BP; \quad (38)$$

$$N_2 + Ar \text{ (\%)} = \left[\frac{\frac{C_{N_2}}{\beta_{N_2}}(0.6078) + \frac{C_{Ar}}{\beta_{Ar}}(0.4260) + \frac{C_{CO_2}}{\beta_{CO_2}}(0.3845)}{(BP - P_{H_2O})(0.7902)} \right] 100; \quad (39)$$

$$N_2 + Ar \text{ (mm Hg)} = \frac{C_{N_2}}{\beta_{N_2}}(0.6078) + \frac{C_{Ar}}{\beta_{Ar}}(0.4260) + \frac{C_{CO_2}}{\beta_{CO_2}}(0.3845); \quad (40)$$

where C = concentration of a gas, mg/L;

β = Bunsen coefficient;

BP = barometric pressure, mm Hg;

P_{H_2O} = vapor pressure of water, mm Hg.

These equations can be derived from Equations 24 and 31. Partial pressure of N_2+Ar is equivalent to Equation 33, as the partial pressure of carbon dioxide is included. It is important that both methods are fundamentally equal. The partial pressures of oxygen and carbon dioxide are based on concentrations, so the equations listed in Table 48 can be used. The total gas pressure in mm Hg can be computed from Equation 27. The ΔP_{N_2+Ar} value can be computed by subtracting Equation (36´) from Equation 34.

In the Van Slyke method (Beiningen 1973), the volume of nitrogen and argon is measured together. In the gas chromatography method with molecular sieve columns, oxygen and argon are measured together (D'Aoust and Clark 1980). For these analytical procedures, the values of A_i and β_i used in Equation 9 for the computation of gas tension depend on both gases.

For the case where nitrogen and argon are determined together in mg/L, the "apparent" values of β_i and A_i are

$$\beta_{N_2+Ar} = \frac{\beta_{N_2} X_{N_2} + \beta_{Ar} X_{Ar}}{X_{N_2} + X_{Ar}} ; \qquad (41)$$

$$A_{N_2+Ar} = \frac{760}{1000} \left[\frac{\beta_{N_2} X_{N_2} + \beta_{Ar} X_{Ar}}{1.25043 \beta_{N_2} X_{N_2} + 1.78419 \beta_{Ar} X_{Ar}} \right] ; \qquad (42)$$

where N_2+Ar = the composite gas and N_2 and Ar refer to nitrogen and argon gases separately;

X = the mole fraction of a gas.

The values of X_{N_2} and X_{Ar} may be assumed equal to the values in air.

If nitrogen and argon are measured together, then Equations 37, 38, 39 and 40 should be written as

TGP (%) =

$$\left[\frac{\frac{C_{O_2}}{\beta_{O_2}}(0.5318) + \frac{C_{N_2+Ar}}{\beta_{N_2+Ar}}(A_{N_2+Ar}) + \frac{C_{CO_2}}{\beta_{CO_2}}(0.3845) + P_{H_2O}}{BP}\right] 100; \quad (43)$$

ΔP (mm Hg) =

$$\frac{C_{O_2}}{\beta_{O_2}}(0.5318) + \frac{C_{N_2+Ar}}{\beta_{N_2+Ar}}(A_{N_2+Ar}) + \frac{C_{CO_2}}{\beta_{CO_2}}(0.3845) + P_{H_2O} - BP; \quad (44)$$

$$N_2+Ar\ (\%) = \left[\frac{\frac{C_{N_2+Ar}}{\beta_{N_2+Ar}}(A_{N_2+Ar}) + \frac{C_{CO_2}}{\beta_{CO_2}}(0.3845)}{(BP - P_{H_2O})0.7902}\right] 100; \quad (45)$$

$$N_2+Ar\ (mm\ Hg) = \frac{C_{N_2+Ar}}{\beta_{N_2+Ar}}(A_{N_2+Ar}) + \frac{C_{CO_2}}{\beta_{CO_2}}(0.3845). \quad (46)$$

Values of β_{N_2+Ar} and A_{N_2+Ar} computed from Equations 41 and 42 are presented in Tables 49 and 50 (pages 93-94) as a function of temperature.

For the case where nitrogen and argon are determined together in mL/L, the "apparent" value of β_i can be computed from Equation 41 but the value of A_i for all gases is equal to 0.7600 and Equations 43, 44, 45 and 46 should be written as

TGP (%) =

$$\left[\frac{\frac{C_{O_2}}{\beta_{O_2}}(0.7600) + \frac{C_{N_2+Ar}}{\beta_{N_2+Ar}}(0.7600) + \frac{C_{CO_2}}{\beta_{CO_2}}(0.7600) + P_{H_2O}}{BP}\right] 100; \quad (47)$$

ΔP (mm Hg) =

$$\frac{C_{O_2}}{\beta_{O_2}}(0.7600) + \frac{C_{N_2+Ar}}{\beta_{N_2+Ar}}(0.7600) + \frac{C_{CO_2}}{\beta_{CO_2}}(0.7600) + P_{H_2O} - BP; \quad (48)$$

Table 49. Bunsen Coefficients for Nitrogen + Argon as a Function of Temperature (salinity = 0.0 ppt)

Temp (C)	0.0	0.1	0.2	0.3	0.4	0.5	0.6	0.7	0.8	0.9
0	.02409	.02403	.02397	.02391	.02385	.02378	.02372	.02366	.02360	.02354
1	.02348	.02343	.02337	.02331	.02325	.02319	.02313	.02308	.02302	.02296
2	.02290	.02285	.02279	.02274	.02268	.02262	.02257	.02251	.02246	.02240
3	.02235	.02230	.02224	.02219	.02213	.02208	.02203	.02198	.02192	.02187
4	.02182	.02177	.02172	.02166	.02161	.02156	.02151	.02146	.02141	.02136
5	.02131	.02126	.02121	.02116	.02112	.02107	.02102	.02097	.02092	.02087
6	.02083	.02078	.02073	.02069	.02064	.02059	.02055	.02050	.02045	.02041
7	.02036	.02032	.02027	.02023	.02018	.02014	.02009	.02005	.02000	.01996
8	.01992	.01987	.01983	.01979	.01974	.01970	.01966	.01962	.01957	.01953
9	.01949	.01945	.01941	.01937	.01933	.01928	.01924	.01920	.01916	.01912
10	.01908	.01904	.01900	.01896	.01892	.01888	.01885	.01881	.01877	.01873
11	.01869	.01865	.01861	.01858	.01854	.01850	.01846	.01843	.01839	.01835
12	.01832	.01828	.01824	.01821	.01817	.01813	.01810	.01806	.01803	.01799
13	.01796	.01792	.01789	.01785	.01782	.01778	.01775	.01771	.01768	.01764
14	.01761	.01758	.01754	.01751	.01748	.01744	.01741	.01738	.01734	.01731
15	.01728	.01725	.01721	.01718	.01715	.01712	.01709	.01706	.01702	.01699
16	.01696	.01693	.01690	.01687	.01684	.01681	.01678	.01675	.01672	.01669
17	.01666	.01663	.01660	.01657	.01654	.01651	.01648	.01645	.01642	.01639
18	.01636	.01634	.01631	.01628	.01625	.01622	.01619	.01617	.01614	.01611
19	.01608	.01606	.01603	.01600	.01597	.01595	.01592	.01589	.01587	.01584
20	.01581	.01579	.01576	.01573	.01571	.01568	.01566	.01563	.01561	.01558
21	.01555	.01553	.01550	.01548	.01545	.01543	.01540	.01538	.01535	.01533
22	.01531	.01528	.01526	.01523	.01521	.01519	.01516	.01514	.01511	.01509
23	.01507	.01504	.01502	.01500	.01497	.01495	.01493	.01491	.01488	.01486
24	.01484	.01481	.01479	.01477	.01475	.01473	.01470	.01468	.01466	.01464
25	.01462	.01460	.01457	.01455	.01453	.01451	.01449	.01447	.01445	.01443
26	.01440	.01438	.01436	.01434	.01432	.01430	.01428	.01426	.01424	.01422
27	.01420	.01418	.01416	.01414	.01412	.01410	.01408	.01406	.01404	.01402
28	.01401	.01399	.01397	.01395	.01393	.01391	.01389	.01387	.01385	.01384
29	.01382	.01380	.01378	.01376	.01374	.01373	.01371	.01369	.01367	.01365
30	.01364	.01362	.01360	.01358	.01357	.01355	.01353	.01351	.01350	.01348
31	.01346	.01345	.01343	.01341	.01340	.01338	.01336	.01335	.01333	.01331
32	.01330	.01328	.01326	.01325	.01323	.01322	.01320	.01318	.01317	.01315
33	.01314	.01312	.01311	.01309	.01307	.01306	.01304	.01303	.01301	.01300
34	.01298	.01297	.01295	.01294	.01292	.01291	.01289	.01288	.01286	.01285
35	.01283	.01282	.01281	.01279	.01278	.01276	.01275	.01273	.01272	.01271
36	.01269	.01268	.01267	.01265	.01264	.01262	.01261	.01260	.01258	.01257
37	.01256	.01254	.01253	.01252	.01250	.01249	.01248	.01246	.01245	.01244
38	.01243	.01241	.01240	.01239	.01237	.01236	.01235	.01234	.01232	.01231
39	.01230	.01229	.01228	.01226	.01225	.01224	.01223	.01222	.01220	.01219
40	.01218	.01217	.01216	.01214	.01213	.01212	.01211	.01210	.01209	.01208

Table 50. A_{N_2+Ar} as a Function of Temperature (salinity = 0.0 ppt)

Temp (C)	0.0	0.1	0.2	0.3	0.4	0.5	0.6	0.7	0.8	0.9
0	0.6010	0.6010	0.6010	0.6010	0.6010	0.6010	0.6010	0.6010	0.6010	0.6010
1	0.6010	0.6011	0.6011	0.6011	0.6011	0.6011	0.6011	0.6011	0.6011	0.6011
2	0.6011	0.6011	0.6011	0.6011	0.6011	0.6011	0.6011	0.6011	0.6011	0.6011
3	0.6011	0.6011	0.6011	0.6011	0.6011	0.6011	0.6011	0.6011	0.6011	0.6011
4	0.6011	0.6011	0.6011	0.6011	0.6011	0.6011	0.6011	0.6011	0.6011	0.6011
5	0.6011	0.6011	0.6011	0.6011	0.6011	0.6011	0.6011	0.6011	0.6011	0.6011
6	0.6011	0.6011	0.6011	0.6011	0.6011	0.6011	0.6011	0.6011	0.6011	0.6011
7	0.6011	0.6011	0.6011	0.6011	0.6011	0.6011	0.6011	0.6011	0.6011	0.6011
8	0.6011	0.6011	0.6011	0.6011	0.6011	0.6011	0.6011	0.6011	0.6011	0.6011
9	0.6011	0.6011	0.6011	0.6011	0.6011	0.6011	0.6011	0.6011	0.6011	0.6011
10	0.6011	0.6011	0.6011	0.6011	0.6011	0.6011	0.6011	0.6011	0.6011	0.6011
11	0.6012	0.6012	0.6012	0.6012	0.6012	0.6012	0.6012	0.6012	0.6012	0.6012
12	0.6012	0.6012	0.6012	0.6012	0.6012	0.6012	0.6012	0.6012	0.6012	0.6012
13	0.6012	0.6012	0.6012	0.6012	0.6012	0.6012	0.6012	0.6012	0.6012	0.6012
14	0.6012	0.6012	0.6012	0.6012	0.6012	0.6012	0.6012	0.6012	0.6012	0.6012
15	0.6012	0.6012	0.6012	0.6012	0.6012	0.6012	0.6012	0.6012	0.6012	0.6012
16	0.6012	0.6012	0.6012	0.6012	0.6012	0.6012	0.6012	0.6012	0.6012	0.6012
17	0.6012	0.6012	0.6012	0.6012	0.6012	0.6012	0.6012	0.6012	0.6012	0.6012
18	0.6012	0.6012	0.6012	0.6012	0.6012	0.6012	0.6012	0.6012	0.6012	0.6012
19	0.6012	0.6012	0.6012	0.6012	0.6012	0.6012	0.6012	0.6012	0.6012	0.6012
20	0.6012	0.6012	0.6012	0.6012	0.6012	0.6013	0.6013	0.6013	0.6013	0.6013
21	0.6013	0.6013	0.6013	0.6013	0.6013	0.6013	0.6013	0.6013	0.6013	0.6013
22	0.6013	0.6013	0.6013	0.6013	0.6013	0.6013	0.6013	0.6013	0.6013	0.6013
23	0.6013	0.6013	0.6013	0.6013	0.6013	0.6013	0.6013	0.6013	0.6013	0.6013
24	0.6013	0.6013	0.6013	0.6013	0.6013	0.6013	0.6013	0.6013	0.6013	0.6013
25	0.6013	0.6013	0.6013	0.6013	0.6013	0.6013	0.6013	0.6013	0.6013	0.6013
26	0.6013	0.6013	0.6013	0.6013	0.6013	0.6013	0.6013	0.6013	0.6013	0.6013
27	0.6013	0.6013	0.6013	0.6013	0.6013	0.6013	0.6013	0.6013	0.6013	0.6013
28	0.6013	0.6013	0.6013	0.6013	0.6013	0.6013	0.6013	0.6013	0.6013	0.6013
29	0.6013	0.6013	0.6013	0.6013	0.6013	0.6013	0.6014	0.6014	0.6014	0.6014
30	0.6014	0.6014	0.6014	0.6014	0.6014	0.6014	0.6014	0.6014	0.6014	0.6014
31	0.6014	0.6014	0.6014	0.6014	0.6014	0.6014	0.6014	0.6014	0.6014	0.6014
32	0.6014	0.6014	0.6014	0.6014	0.6014	0.6014	0.6014	0.6014	0.6014	0.6014
33	0.6014	0.6014	0.6014	0.6014	0.6014	0.6014	0.6014	0.6014	0.6014	0.6014
34	0.6014	0.6014	0.6014	0.6014	0.6014	0.6014	0.6014	0.6014	0.6014	0.6014
35	0.6014	0.6014	0.6014	0.6014	0.6014	0.6014	0.6014	0.6014	0.6014	0.6014
36	0.6014	0.6014	0.6014	0.6014	0.6014	0.6014	0.6014	0.6014	0.6014	0.6014
37	0.6014	0.6014	0.6014	0.6014	0.6014	0.6014	0.6014	0.6014	0.6014	0.6014
38	0.6014	0.6014	0.6014	0.6014	0.6014	0.6015	0.6015	0.6015	0.6015	0.6015
39	0.6015	0.6015	0.6015	0.6015	0.6015	0.6015	0.6015	0.6015	0.6015	0.6015
40	0.6015	0.6015	0.6015	0.6015	0.6015	0.6015	0.6015	0.6015	0.6015	0.6015

SUPERSATURATION

$$N_2+Ar\ (\%) = \left[\frac{\frac{C_{N_2+Ar}}{\beta_{N_2+Ar}}(0.7600) + \frac{C_{CO_2}}{\beta_{CO_2}}(0.7600)}{(BP-P_{H_2O})(.7902)}\right] 100; \qquad (49)$$

$$N_2+Ar\ (mm\ Hg) = \frac{C_{N_2+Ar}}{\beta_{N_2+Ar}}(0.7600) + \frac{C_{CO_2}}{\beta_{CO_2}}(0.7600); \qquad (50)$$

where C = concentration of a gas, mL/L.

The computation of TGP and other supersaturation parameters from concentration data is not as accurate as the membrane-diffusion method due to the greater number of measurements required, implicit sampling problems, and the small uncertainty in the βs and As due to argon (Colt 1983).

Example 23

Compute ΔP, TGP, N_2+Ar (%), and N_2+Ar (mm Hg) when BP = 759.3 mm Hg, water temperature = 7.3 C, C_{O_2} = 9.41 mg/L, C_{N_2} = 23.11 mg/L, C_{Ar} = 0.8816 mg/L, and C_{CO_2} = 0.96 mg/L.

Solution

Use Equations 37 - 40

Information needed

BP	=	759.3 mm	(given)
T	=	7.3 C	(given)
C_{O_2}	=	9.41 mg/L	(given)
C_{N_2}	=	23.11 mg/L	(given)
C_{Ar}	=	0.8816 mg/L	(given)
C_{CO_2}	=	0.96 mg/L	(given)

β_{O_2} = 0.04065 (Table 10)

β_{N_2} = 0.01994 (Table 11)

β_{Ar} = 0.04454 (Table 12)

β_{CO_2} = 1.3126 (Table 13)

P_{H_2O} = 7.67 mm Hg (Table 5)

ΔP (mm Hg)

$$\Delta P = \frac{C_{O_2}}{\beta_{O_2}}(0.5318) + \frac{C_{N_2}}{\beta_{N_2}}(0.6078) + \frac{C_{Ar}}{\beta_{Ar}}(0.4260) + \frac{C_{CO_2}}{\beta_{CO_2}}(0.3845) + P_{H_2O} - BP$$

$$\Delta P = \frac{9.41}{0.04065}(0.5318) + \frac{23.11}{0.01994}(0.6078) + \frac{0.88}{0.04454}(0.4260) + \frac{0.96}{1.3126}(0.3845) + 7.7 - 759.3$$

= $\underline{84.6 \text{ mm Hg}}$

TGP (%)

$$TGP\ (\%) = \left[\frac{\frac{C_{O_2}}{\beta_{O_2}}(0.5318) + \frac{C_{N_2}}{\beta_{N_2}}(0.6078) + \frac{C_{Ar}}{\beta_{Ar}}(0.4260) + \frac{C_{CO_2}}{\beta_{CO_2}}(0.3845) + P_{H_2O}}{BP} \right] 100$$

$$TGP\ (\%) = \left[\frac{\frac{9.41}{0.04065}(0.5318) + \frac{23.11}{0.01994}(0.6078) + \frac{0.8816}{0.04454}(0.4260) + \frac{0.96}{1.3126}(0.3845) + 7.7}{759.3} \right] 100$$

= $\underline{111.1 \text{ percent}}$

N_2+Ar (%)

$$N_2+Ar\ (\%) = \left[\frac{\frac{C_{N_2}}{\beta_{N_2}}(0.6078) + \frac{C_{Ar}}{\beta_{Ar}}(0.4260) + \frac{C_{CO_2}}{\beta_{CO_2}}(0.3845)}{(BP - P_{H_2O})0.7902}\right] 100$$

$$N_2+Ar\ (\%) = \left[\frac{\frac{23.11}{0.01994}(0.6078) + \frac{0.8816}{0.04454}(0.4260) + \frac{0.96}{1.3126}(0.3845)}{(759.3-7.7)0.7902}\right] 100$$

$$= \underline{120.1\ \text{percent}}$$

N_2+Ar (mm Hg)

$$N_2+Ar\ (\text{mm Hg}) = \frac{C_{N_2}}{\beta_{N_2}}(0.6078) + \frac{C_{Ar}}{\beta_{Ar}}(0.4260) + \frac{C_{CO_2}}{\beta_{CO_2}}(0.3845)$$

$$N_2+Ar\ (\text{mm Hg}) = \frac{23.11}{0.01994}(0.6078) + \frac{0.8816}{0.04454}(0.4260) + \frac{0.96}{1.3126}(0.3845)$$

$$= \underline{713.1\ \text{mm Hg}}$$

Example 24

Compute the values of β_{N_2+Ar} and A_{N_2+Ar} from Equations 41 and 42 and for a water temperature of 7.3 C.

Solution

Information needed

T	=	7.3 C	(given)
β_{N_2}	=	0.01994	(Table 11)
β_{Ar}	=	0.04454	(Table 12)
X_{N_2}	=	0.78084	(inside back cover)
X_{Ar}	=	0.00934	(inside back cover)

β_{N_2+Ar}

$$\beta_{N_2+Ar} = \frac{\beta_{N_2} X_{N_2} + \beta_{Ar} X_{Ar}}{X_{N_2} + X_{Ar}}$$

$$\beta_{N_2+Ar} = \frac{(0.01994)(0.78084) + (0.04454)(0.00934)}{0.78084 + 0.00934}$$

$$= \underline{0.02023}$$

A_{N_2+Ar}

$$A_{N_2+Ar} = \frac{760}{1000}\left[\frac{\beta_{N_2} X_{N_2} + \beta_{Ar} X_{Ar}}{1.25043 \beta_{N_2} X_{N_2} + 1.78419 \beta_{Ar} X_{Ar}}\right]$$

$$A_{N_2+Ar} = \frac{760}{1000}\left[\frac{(0.01994)(0.78084) + (0.04454)(0.00934)}{(1.25043)(0.01994)(0.78084) + (1.78419)(.04454)(0.00934)}\right]$$

$$= \underline{0.6011}$$

Example 25

Compute ΔP, TGP, N_2+Ar (%), and N_2+Ar (mm Hg) when BP is 759.3 mm Hg, water temperature is 7.3 C, C_{O_2} is 9.41 mg/L, C_{N_2+Ar} is 23.99 mg/L, and C_{CO_2} is 0.96 mg/L.

Solution

Use Equations 44-46 and the values of β_{N_2+Ar} and A_{N_2+Ar} from Example 24.

SUPERSATURATION

Information needed

$$T = 7.3\ \text{C} \quad \text{(given)}$$
$$BP = 759.3\ \text{mm Hg} \quad \text{(given)}$$
$$C_{O_2} = 9.41\ \text{mg/L} \quad \text{(given)}$$
$$C_{N_2+Ar} = 23.99\ \text{mg/L} \quad \text{(given)}$$
$$C_{CO_2} = 0.96\ \text{mg/L} \quad \text{(given)}$$
$$\beta_{O_2} = 0.04065 \quad \text{(Table 10)}$$
$$\beta_{N_2+Ar} = 0.02023 \quad \text{(Example 24)}$$
$$A_{N_2+Ar} = 0.6011 \quad \text{(Example 24)}$$
$$\beta_{CO_2} = 1.3126 \quad \text{(Table 13)}$$
$$P_{H_2O} = 7.67 \quad \text{(Table 5)}$$

ΔP (mm Hg)

$$\Delta P = \frac{C_{O_2}}{\beta_{O_2}}(0.5318) + \frac{C_{N_2+Ar}}{\beta_{N_2+Ar}}(A_{N_2+Ar}) + \frac{C_{CO_2}}{\beta_{CO_2}}(0.3845) + P_{H_2O} - BP$$

$$\Delta P = \frac{9.41}{0.04065}(0.5318) + \frac{23.99}{0.02023}(0.6011) + \frac{0.96}{1.3126}(0.3845) + 7.7 - 759.3$$

$$= \underline{84.6\ \text{mm Hg}}$$

TGP (%)

$$TGP\ (\%) = \left[\frac{\frac{C_{O_2}}{\beta_{O_2}}(0.5318) + \frac{C_{N_2+Ar}}{\beta_{N_2+Ar}}(A_{N_2+Ar}) + \frac{C_{CO_2}}{\beta_{CO_2}}(0.3845) + P_{H_2O}}{BP}\right] 100$$

$$TGP\ (\%) = \left[\frac{\frac{9.41}{0.04065}(0.5318) + \frac{23.99}{0.02023}(0.6011) + \frac{0.96}{1.3126}(0.3845) + 7.7}{759.3}\right] 100$$

$$= \underline{111.1\ \%}$$

N$_2$+Ar (%)

$$N_2+Ar\ (\%) = \left[\frac{\frac{C_{N_2+Ar}}{\beta_{N_2+Ar}}(A_{N_2+Ar}) + \frac{C_{CO_2}}{\beta_{CO_2}}(0.3845)}{(BP - P_{H_2O})0.7902}\right] 100$$

$$N_2+Ar\ (\%) = \left[\frac{\frac{23.99}{0.02023}(0.6011) + \frac{0.96}{1.3126}(0.3845)}{(759.3 - 7.7)0.7902}\right] 100$$

$$= \underline{120.1\ \text{percent}}$$

N$_2$+Ar (mm Hg)

$$N_2+Ar\ (mm\ Hg) = \frac{C_{N_2+Ar}}{\beta_{N_2+Ar}}(A_{N_2+Ar}) + \frac{C_{CO_2}}{\beta_{CO_2}}(0.3845)$$

$$N_2+Ar\ (mm\ Hg) = \frac{23.99}{0.02023}(0.6011) + \frac{0.96}{1.3126}(0.3845)$$

$$= \underline{713.1\ mm\ Hg}$$

Example 26

Compute N$_2$+Ar (%) and N$_2$+Ar (mm Hg) for Example 25 assuming that β_{N_2} and A_{N_2} can be used. Compare with the results from Example 25.

Information needed

BP	=	759.3 mm Hg	(given)
T	=	7.3 C	(given)
C_{N_2+Ar}	=	23.99 mg/L	(given)
C_{CO_2}	=	0.96 mg/L	(given)
β_{N_2}	=	0.01994	(Table 11)
β_{CO_2}	=	1.3126	(Table 13)
P_{H_2O}	=	7.67 mm Hg	(Table 5)

$\underline{N_2+Ar\ (\%)}$

$$N_2+Ar\ (\%) = \left[\frac{\dfrac{C_{N_2+Ar}}{\beta_{N_2}}(0.6078) + \dfrac{C_{CO_2}}{\beta_{CO_2}}(0.3845)}{(BP - P_{H_2O})0.7902}\right]100$$

$$N_2+Ar\ (\%) = \left[\frac{\dfrac{23.99}{0.01994}(0.6078) + \dfrac{0.96}{1.3126}(0.3845)}{(759.3 - 7.7)0.7902}\right]100$$

$$= \underline{\underline{123.2\ \text{percent}}}$$

$\underline{N_2+Ar\ (mm\ Hg)}$

$$N_2+Ar\ (mm\ Hg) = \frac{C_{N_2+Ar}}{\beta_{N_2}}(0.6078) + \frac{C_{CO_2}}{\beta_{CO_2}}(0.3845)$$

$$N_2+Ar\ (mm\ Hg) = \frac{23.99}{0.01994}(0.6078) + \frac{0.96}{1.3126}(0.3845)$$

$$= \underline{\underline{731.5\ mm\ Hg}}$$

Comparison with Example 25

Parameter	Example 25	Example 26	Difference
N_2+Ar (%)	120.1	123.2	+ 3.1
N_2+Ar (mm Hg)	713.1	731.5	+ 18.5

The conversion of nitrogen + argon measured in mg/L to gas tension with the Bunsen coefficient for nitrogen results in a positive error of 18.5 mm Hg. The ΔP value would also be increased by 18.5 mm Hg. In chronic exposure to gas supersaturation, ΔPs in the range of 20 to 40 may be lethal (Bouck 1976; Cornacchia and Colt 1984). Under these conditions, the use of A_{N_2+Ar} and β_{N_2+Ar} may be required. For ΔPs greater than 100 mm Hg, these corrections may be neglected.

CONVERSION OF OLDER REPORTED DATA

Many of the older gas supersaturation data may be reported in a different manner than is presently recommended. Total gas pressure as a percent of barometric pressure, TGP (%), was commonly computed from

$$\text{TGP (\%)} = \left[\frac{BP + \Delta P - P_{H_2O}}{BP} \right] 100. \qquad (51)$$

The conversion to the recommended form is equal to

$$\text{TGP (\%)} = (\text{TGP (\%) from Equation 51}) + \frac{(P_{H_2O})(100)}{BP}. \qquad (52)$$

In some work, N_2+Ar (%) and O_2 (%) were reported and TGP (%) was omitted. ΔP can be computed from these data from

$$\Delta P = 0.9996 \left[\frac{N_2 + Ar\ (\%)}{100} - 1.0 \right] 0.7905\ (BP - P_{H_2O}) +$$
$$\left[\frac{O_2\ (\%)}{100} - 1.0 \right] 0.20496\ (BP - P_{H_2O}). \qquad (53)$$

Only the approximate water temperature is required for Equation 53 as the variation of P_{H_2O} with temperature is small.

If the O_2 (%) is not known, then ΔP can not be computed. The term 0.9996 is a conversion between $N_2 + Ar$ (%) and $N_2+Ar+CO_2$ (%).

Example 27

The TGP (%) computed from Equation 51 is 105.7%. If the water temperature is 23.0 C, and barometric pressure is 760.0 mm Hg, compute the TGP % value from Equation 52.

Information needed

    BP   =   760.0 mm Hg   (given)

SUPERSATURATION

TGP (%)	=	105.7 %	(given)
P_{H_2O}	=	21.08 mm Hg	(Table 5)
TGP (%)	=	$105.7 + \frac{(21.1)(100)}{760}$	
TGP (%)	=	105.7 + 2.8	
	=	<u>108.5 %</u>	

Example 28

Compute ΔP from the N_2+Ar (%) and O_2 (%) reported in Example 22 on page 89. Compare with the results from results of Example 20 on page 82.

<u>Information needed</u>

N_2+Ar (%)	=	128.0 %	(Example 22)
O_2 (%)	=	71.1 %	(Example 22)
T	=	13.9 C	(Example 22)
BP	=	765.0 mm Hg	(Example 22)
P_{H_2O}	=	11.91	(Example 22)

<u>Solution</u>

$$\Delta P = 0.9996 \left[\frac{128.0}{100.0} - 1.0 \right] 0.7905 (765.0 - 11.9) +$$

$$\left[\frac{71.1}{100.0} - 1.0 \right] 0.20946 (765.0 - 11.9)$$

= <u>121.0 mm Hg</u>   vs.   121.0 mm Hg in Example 20

EFFECT OF DEPTH

The ΔP and TGP (%) values are measured with respect to the local barometric pressure. The actual ΔP or TGP (%) that an animal experiences at depth are called the uncompensated ΔP or TGP (%) (Colt 1983) and are equal to

$$\Delta P_{uncomp} = \Delta P - \rho g Z; \tag{54}$$

$$TGP_{uncomp} = \left[\frac{BP + \Delta P}{BP + \rho g Z}\right] 100; \tag{55}$$

where ρ = density of water, kg/m^3;
  g = acceleration due to gravity, 9.80665 m/s^2;
  Z = depth, m.

Values of ρg are presented in Table 25 on page 46. For gas bubble disease to be produced at depth Z, the $\Delta P_{uncomp} \geq 0$ or $TGP_{uncomp} \geq 100$. For values of ΔP_{uncomp} and TGP_{uncomp} less than these values, gas bubble disease can not occur because bubble formation is impossible. The depth where $\Delta P_{uncomp} = 0$ or $TGP_{uncomp} = 100$ is called the hydrostatic compensation depth. Aquatic animals can tolerate large ΔPs by remaining at depth, but rapid mortality may result if they are forced to remain at the surface.

The effects of depth on ΔP_{uncomp} and TGP_{uncomp} are presented in Tables 51 and 52. Equations 54 and 55 and Tables 51 and 52 are based on the assumption that both ΔP and temperature are uniform with depth. These assumptions may not be valid in lakes and reservoirs.

SUPERSATURATION

Example 29

If BP is 770.0 mm Hg, ΔP is +150.0 mm Hg, water depth is 2 meters, and the water temperature is 19 C, compute (1) TGP and TGP_{uncomp} and (2) ΔP and ΔP_{uncomp}.

Information needed

BP	=	770.0 mm Hg	(given)
ΔP	=	150.0 mm Hg	(given)
T	=	19 C	(given)
ρg	=	73.44 mm Hg	(Table 25)
Z	=	2 m	(given)

TGP and TGP_{uncomp}

$$TGP = \left[\frac{BP + \Delta P}{BP}\right] 100$$

$$TGP = \left[\frac{770.0 + 150.0}{770.0}\right] 100$$

$$= \underline{119.5 \text{ percent}}$$

$$TGP_{uncomp} = \left[\frac{BP + \Delta P}{BP + \rho gZ}\right] 100$$

$$TGP_{uncomp} = \left[\frac{770.0 + 150.0}{770 + (73.44)(2)}\right] 100$$

$$= \underline{100.3 \text{ percent}}$$

ΔP and ΔP_{uncomp}

$$\Delta P = \underline{+150 \text{ mm Hg}} \quad \text{(given)}$$

$$\Delta P_{uncomp} = \Delta P - \rho gZ$$

$$\Delta P_{uncomp} = 150 - (73.44)(2)$$

$$= \underline{+3.1 \text{ mm Hg}}$$

Example 30

Compute the compensation depth (where $\Delta P_{uncomp} = 0$) for the last example.

$$0 = +150.0 - (73.44)(Z)$$

$$Z = \underline{\underline{2.04 \text{ meters}}}$$

Example 31

River water at a temperature of 9 C is heated by 10 C as it passed through a nuclear power plant. Initially, the concentrations of oxygen, nitrogen, and argon are 10.8 mg/L, 19.85 mg/L, and 0.76 mg/L, respectively. Compute the ΔP in the effluent from the plant if BP = 752.0 mm Hg and find the depth at which the effluent must be discharged to prevent gas supersaturation problems. Ignore carbon dixoide and assume that the effluent does not rise to the surface.

Solution

Compute ΔP from Equation 38.

Information needed

BP	=	752.0 mm Hg	(given)
T_o	=	9 C	(given)
$T_o + \Delta T$	=	19 C	(given)
C_{O_2}	=	10.8 mg/L	(given)
C_{N_2}	=	19.85 mg/L	(given)
C_{Ar}	=	0.76 mg/L	(given)
β_{O_2}	=	0.03163	(Table 10)
β_{N_2}	=	0.01586	(Table 11)
β_{Ar}	=	0.03476	(Table 12)
P_{H_2O}	=	16.48 mm Hg	(Table 5)
ρg	=	73.44 mm Hg/m	(Table 25)

$$\Delta P = \frac{C_{O_2}}{\beta_{O_2}}(0.5318) + \frac{C_{N_2}}{\beta_{N_2}}(0.6078) + \frac{C_{Ar}}{\beta_{Ar}}(0.4260) + P_{H_2O} - BP$$

$$\Delta P = \frac{10.8}{0.03163}(0.5318) + \frac{19.85}{0.01586}(0.6078) + \frac{0.76}{0.03476}(0.4260) + 16.5 - 752.0$$

$$= \underline{\underline{216.1 \text{ mm Hg}}}$$

Compute compensation depth from Equation 54.

$$0 = 216.1 - (73.44)(Z)$$

$$Z = \underline{\underline{2.94 \text{ m}}}$$

Table 51. The Effect of Depth on Uncompensated Total Gas Pressure
(temperature = 20 C, barometric pressure = 760 mm Hg, salinity 0.0 ppt)

Depth (m)	ΔP, mm Hg									
	0.0	25.0	50.0	75.0	100.0	125.0	150.0	175.0	200.0	225.0
0.0	0.0	25.0	50.0	75.0	100.0	125.0	150.0	175.0	200.0	225.0
0.1	-7.3	17.7	42.7	67.7	92.7	117.7	142.7	167.7	192.7	217.7
0.2	-14.7	10.3	35.3	60.3	85.3	110.3	135.3	160.3	185.3	210.3
0.3	-22.0	3.0	28.0	53.0	78.0	103.0	128.0	153.0	178.0	203.0
0.4	-29.4	-4.4	20.6	45.6	70.6	95.6	120.6	145.6	170.6	195.6
0.5	-36.7	-11.7	13.3	38.3	63.3	88.3	113.3	138.3	163.3	188.3
0.6	-44.1	-19.1	5.9	30.9	55.9	80.9	105.9	130.9	155.9	180.9
0.7	-51.4	-26.4	-1.4	23.6	48.6	73.6	98.6	123.6	148.6	173.6
0.8	-58.7	-33.7	-8.7	16.3	41.3	66.3	91.3	116.3	141.3	166.3
0.9	-66.1	-41.1	-16.1	8.9	33.9	58.9	83.9	108.9	133.9	158.9
1.0	-73.4	-48.4	-23.4	1.6	26.6	51.6	76.6	101.6	126.6	151.6
1.1	-80.8	-55.8	-30.8	-5.8	19.2	44.2	69.2	94.2	119.2	144.2
1.2	-88.1	-63.1	-38.1	-13.1	11.9	36.9	61.9	86.9	111.9	136.9
1.3	-95.5	-70.5	-45.5	-20.5	4.5	29.5	54.5	79.5	104.5	129.5
1.4	-102.8	-77.8	-52.8	-27.8	-2.8	22.2	47.2	72.2	97.2	122.2
1.5	-110.1	-85.1	-60.1	-35.1	-10.1	14.9	39.9	64.9	89.9	114.9
1.6	-117.5	-92.5	-67.5	-42.5	-17.5	7.5	32.5	57.5	82.5	107.5
1.7	-124.8	-99.8	-74.8	-49.8	-24.8	0.2	25.2	50.2	75.2	100.2
1.8	-132.2	-107.2	-82.2	-57.2	-32.2	-7.2	17.8	42.8	67.8	92.8
1.9	-139.5	-114.5	-89.5	-64.5	-39.5	-14.5	10.5	35.5	60.5	85.5
2.0	-146.8	-121.8	-96.8	-71.8	-46.8	-21.8	3.2	28.2	53.2	78.2
2.1	-154.2	-129.2	-104.2	-79.2	-54.2	-29.2	-4.2	20.8	45.8	70.8
2.2	-161.5	-136.5	-111.5	-86.5	-61.5	-36.5	-11.5	13.5	38.5	63.5
2.3	-168.9	-143.9	-118.9	-93.9	-68.9	-43.9	-18.9	6.1	31.1	56.1
2.4	-176.2	-151.2	-126.2	-101.2	-76.2	-51.2	-26.2	-1.2	23.8	48.8
2.5	-183.6	-158.6	-133.6	-108.6	-83.6	-58.6	-33.6	-8.6	16.4	41.4
2.6	-190.9	-165.9	-140.9	-115.9	-90.9	-65.9	-40.9	-15.9	9.1	34.1
2.7	-198.2	-173.2	-148.2	-123.2	-98.2	-73.2	-48.2	-23.2	1.8	26.8
2.8	-205.6	-180.6	-155.6	-130.6	-105.6	-80.6	-55.6	-30.6	-5.6	19.4
2.9	-212.9	-187.9	-162.9	-137.9	-112.9	-87.9	-62.9	-37.9	-12.9	12.1
3.0	-220.3	-195.3	-170.3	-145.3	-120.3	-95.3	-70.3	-45.3	-20.3	4.7
3.1	-227.6	-202.6	-177.6	-152.6	-127.6	-102.6	-77.6	-52.6	-27.6	-2.6
3.2	-235.0	-210.0	-185.0	-160.0	-135.0	-110.0	-85.0	-60.0	-35.0	-10.0
3.3	-242.3	-217.3	-192.3	-167.3	-142.3	-117.3	-92.3	-67.3	-42.3	-17.3
3.4	-249.6	-224.6	-199.6	-174.6	-149.6	-124.6	-99.6	-74.6	-49.6	-24.6
3.5	-257.0	-232.0	-207.0	-182.0	-157.0	-132.0	-107.0	-82.0	-57.0	-32.0
3.6	-264.3	-239.3	-214.3	-189.3	-164.3	-139.3	-114.3	-89.3	-64.3	-39.3
3.7	-271.7	-246.7	-221.7	-196.7	-171.7	-146.7	-121.7	-96.7	-71.7	-46.7
3.8	-279.0	-254.0	-229.0	-204.0	-179.0	-154.0	-129.0	-104.0	-79.0	-54.0
3.9	-286.4	-261.4	-236.4	-211.4	-186.4	-161.4	-136.4	-111.4	-86.4	-61.4
4.0	-293.7	-268.7	-243.7	-218.7	-193.7	-168.7	-143.7	-118.7	-93.7	-68.7

Table 52. The Effect of Depth on Uncompensated ΔP
(temperature = 20 C, barometric pressure = 760 mm Hg, salinity 0.0 ppt)

Depth (m)	Total Gas Pressure, percent									
	100.0	105.00	110.00	115.00	120.00	125.00	130.00	135.00	140.00	145.00
0.0	100.00	105.00	110.00	115.00	120.00	125.00	130.00	135.00	140.00	145.00
0.1	99.04	104.00	108.95	113.90	118.85	123.80	128.76	133.71	138.66	143.61
0.2	98.10	103.01	107.91	112.82	117.73	122.63	127.54	132.44	137.35	142.25
0.3	97.18	102.04	106.90	111.76	116.62	121.48	126.34	131.20	136.06	140.92
0.4	96.28	101.09	105.91	110.72	115.54	120.35	125.16	129.98	134.79	139.61
0.5	95.39	100.16	104.93	109.70	114.47	119.24	124.01	128.78	133.55	138.32
0.6	94.52	99.25	103.97	108.70	113.43	118.15	122.88	127.60	132.33	137.06
0.7	93.67	98.35	103.03	107.72	112.40	117.08	121.77	126.45	131.13	135.82
0.8	92.83	97.47	102.11	106.75	111.39	116.03	120.67	125.31	129.96	134.60
0.9	92.00	96.60	101.20	105.80	110.40	115.00	119.60	124.20	128.80	133.40
1.0	91.19	95.75	100.31	104.87	109.43	113.99	118.55	123.11	127.67	132.23
1.1	90.39	94.91	99.43	103.95	108.47	112.99	117.51	122.03	126.55	131.07
1.2	89.61	94.09	98.57	103.05	107.53	112.01	116.49	120.98	125.46	129.94
1.3	88.84	93.28	97.73	102.17	106.61	111.05	115.49	119.94	124.38	128.82
1.4	88.09	92.49	96.89	101.30	105.70	110.11	114.51	118.92	123.32	127.72
1.5	87.34	91.71	96.08	100.44	104.81	109.18	113.55	117.91	122.28	126.65
1.6	86.61	90.94	95.27	99.60	103.93	108.26	112.60	116.93	121.26	125.59
1.7	85.89	90.19	94.48	98.78	103.07	107.37	111.66	115.96	120.25	124.54
1.8	85.19	89.45	93.70	97.96	102.22	106.48	110.74	115.00	119.26	123.52
1.9	84.49	88.72	92.94	97.16	101.39	105.61	109.84	114.06	118.29	122.51
2.0	83.81	88.00	92.19	96.38	100.57	104.76	108.95	113.14	117.33	121.52
2.1	83.13	87.29	91.45	95.60	99.76	103.92	108.07	112.23	116.39	120.54
2.2	82.47	86.59	90.72	94.84	98.97	103.09	107.21	111.34	115.46	119.58
2.3	81.82	85.91	90.00	94.09	98.18	102.27	106.37	110.46	114.55	118.64
2.4	81.18	85.24	89.30	93.35	97.41	101.47	105.53	109.59	113.65	117.71
2.5	80.55	84.57	88.60	92.63	96.66	100.68	104.71	108.74	112.76	116.79
2.6	79.92	83.92	87.92	91.91	95.91	99.91	103.90	107.90	111.89	115.89
2.7	79.31	83.28	87.24	91.21	95.17	99.14	103.11	107.07	111.04	115.00
2.8	78.71	82.64	86.58	90.51	94.45	98.39	102.32	106.26	110.19	114.13
2.9	78.11	82.02	85.93	89.83	93.74	97.64	101.55	105.45	109.36	113.27
3.0	77.53	81.41	85.28	89.16	93.04	96.91	100.79	104.66	108.54	112.42
3.1	76.95	80.80	84.65	88.50	92.34	96.19	100.04	103.89	107.73	111.58
3.2	76.39	80.20	84.02	87.84	91.66	95.48	99.30	103.12	106.94	110.76
3.3	75.83	79.62	83.41	87.20	90.99	94.78	98.57	102.36	106.16	109.95
3.4	75.27	79.04	82.80	86.57	90.33	94.09	97.86	101.62	105.38	109.15
3.5	74.73	78.47	82.20	85.94	89.68	93.41	97.15	100.89	104.62	108.36
3.6	74.20	77.90	81.61	85.32	89.03	92.74	96.45	100.16	103.87	107.58
3.7	73.67	77.35	81.03	84.72	88.40	92.08	95.77	99.45	103.13	106.82
3.8	73.15	76.80	80.46	84.12	87.78	91.43	95.09	98.75	102.41	106.06
3.9	72.63	76.26	79.90	83.53	87.16	90.79	94.42	98.05	101.69	105.32
4.0	72.13	75.73	79.34	82.95	86.55	90.16	93.77	97.37	100.98	104.58

REFERENCES

ASHRAE 1972. Handbook of fundamentals. American Society of Heating, Refrigeration and Air Conditioning Engineers, New York, New York, USA.

Beiningen, K. T. 1973. A manual for measuring dissolved oxygen and nitrogen gas concentrations in water with the Van Slyke-Neill apparatus. Fish Commission of Oregon, Portland, Oregon, USA.

Bouck, G. R. 1976. Supersaturation and fishery observations in selected alpine Oregon streams. Pages 37-40 in D.H. Fickeisen and M.J. Schneider, editors. Gas bubble disease. Energy Research and Development Administration, CONF-741033, Oak Ridge, Tennessee, USA.

Bouck, G. R. 1982. Gasometer: an inexpensive device for continuous monitoring of dissolved gases and supersaturation. Transactions of the American Fisheries Society 111:505-516.

Colt, J. E. 1983. The computation and reporting of dissolved gas levels. Water Research 17:841-849.

Colt, J., and H. Westers 1982. Production of gas supersaturation by aeration. Transactions of the American Fisheries Society 111:342-360.

Cornacchia, J. W., and J. E. Colt. 1984. The effects of dissolved gas supersaturation on larval striped bass Morone saxatilis (Walbaum). Journal of Fish Diseases 7:15-17.

D'Aoust, B. G., and M. H. Clark. 1980. Analysis of supersaturated air in natural waters and reservoirs. Transactions of the American Fisheries Society 109:708-724.

Fickeisen, D. H., M. J. Schneider, and J. C. Montgomery. 1975. A comparative evaluation of the Weiss saturometer. Transactions of the American Fisheries Society 104:816-820.

Hunter, J. S. 1979. Accounting for the effects of water temperature in aerator test procedures. Pages 85-89 in Proceedings of a workshop toward an oxygen transfer standard. United States Environmental Protection Agency, EPA-600/9-78-021, Cincinnati, Ohio, USA.

Hutchinson, G. E. 1957. A treatise on limnology, volume 1. John Wiley and Sons, New York, New York, USA.

Millero, F. J. 1974. Seawater as a multi-component electrolyte solution. Pages 1-80 in E. D. Goldberg, editor. The sea, volume 5. Wiley-Interscience, New York, New York, USA.

Millero, F. J., G. Perron, and J. E. Desnoyers. 1973. Heat capacity of seawater solutions from $5°$ to $35°C$ and 0.5 to 22‰ chlorinity. Journal of Geophysical Research 78:4499-4507.

REFERENCES

Millero, F. J., and A. Poisson. 1981. International one-atmosphere equation of state of seawater. Deep-Sea Research 28A:625-629.

Moore, W. J. 1972. Physical chemistry, 4th edition. Prentice-Hall, Englewood Cliffs, New Jersey, USA.

Postma, H., A. Svansson, H. Lacombe, and K. Grasshoff. 1976. The international oceanographic tables for the solubility of oxygen in sea water. Journal du Conseil, Conseil International pour l'Exploration de la Mer 36:295-296.

Riley, J. P., and G. Skirrow. editors. 1975. Chemical oceanography, volume 2, 2nd edition. Academic Press, New York, New York, USA.

Robinson, R. A. 1954. The vapor pressure and osmotic equivalent of sea water. Journal of the Marine Biological Association of the United Kingdom 33:449-455.

Stringer, E. T. 1972. Foundations of climatology. W. H. Freedman, San Francisco, California, USA.

Sverdrup, H. U., M. W. Johnson, and R. H. Fleming. 1942. The oceans. Prentice-Hall, Englewood Cliffs, New Jersey, USA.

Weast, R. C. (editor). 1974. Handbook of chemistry and physics, 55th edition. CRC Press, Cleveland, Ohio, USA.

Weiss, R. F. 1970. The solubility of nitrogen, oxygen and argon in water and seawater. Deep-Sea Research 17:721-735.

Weiss, R. F. 1974. Carbon dioxide in water and seawater: the solubility of a non-ideal gas. Marine Chemistry 2:203-215.

Weiss, R. F., and B. A. Price. 1980. Nitrous oxide solubility in water and seawater. Marine Chemistry 8:347-359.

Weitkamp, D. E., and M. Katz. 1980. A review of dissolved gas supersaturation literature. Transactions of the American Fisheries Society 109:659-702.

APPENDIX A: COMPUTATION OF β and C^* VALUES

Nitrogen, Argon, and Oxygen

The Equations for the computation of β and C^* (Weiss 1970) are

$$\log_e \beta_i = A_1 + A_2(100/T) + A_3 \log_e(T/100) + S[B_1 + B_2(T/100) + B_3(T/100)^2]; \quad \text{(A-1)}$$

$$\log_e C_i^* = A_1 + A_2(100/T) + A_3 \log_e(T/100) + A_4(T/100) + S[B_1 + B_2(T/100) + B_3(T/100)^2]; \quad \text{(A-2)}$$

where T = the absolute temperature (C + 273.15);

S = salinity (ppt);

β = solubility in L/L·atm (STP);

C^* = solubility in mL/L (STP);

A and B = constants.

The constants for Equations A-1 and A-2 can be found in Tables A-1 and A2 (page 116).

Carbon Dioxide

The solubility equation for carbon dioxide is developed in terms of K_o (Weiss 1974). This parameter is equal to

$$K_o = \frac{\text{Bunsen coefficient of carbon dioxide}}{\text{Molecular volume of carbon dioxide}}.$$

The equation for the computation of K_o (Weiss 1974) is

$$\log_e K_o = A_1 + A_2(100/T) + A_3 \log_e(T/100) + S[B_1 + B_2(T/100) + B_3(T/100)^2] \quad \text{(A-3)}$$

APPENDIX A - β AND C*

The constants for Equation A-3 can be found in Table A-1. Rearrangement of the formula for K_o gives the Bunsen coefficient for carbon dioxide:

$$\beta = (K_o)(22.263 \text{ L/mole}). \quad (A\text{-}4)$$

Computation of C^*

Units of β and C* can be converted to mg/L, the more familiar unit, as follows:

$$\beta_i \text{ (mg/L·atm)} = \beta_i \text{ (L/L·atm)} (1000 \text{ mL/L}) K_i \text{ (mg/mL)}; \quad (A\text{-}5)$$

$$C_i^* \text{ (mg/L)} = C_i^* \text{ (mL/L)} K_i \text{ (mg/mL)}. \quad (A\text{-}6)$$

K_i, the ratio of molecular weight to volume, is 1.42903, 1.25043, 1.78419, and 1.97681 for oxygen, nitrogen, argon, and carbon dioxide, respectively (Moore 1972; Weast 1974).

The solubility of gases in mg/L can be computed at any given total BP from Equation A-7 and A-8 (Hutchinson 1957):

$$C_i^* \text{ (mg/L)} = C_i^* (BP - P_{H_2O})/(760.0 - P_{H_2O}) \quad (A\text{-}7)$$

or

$$C_i^* \text{ (mg/L)} = 1000 K_i \beta_i X_i (BP - P_{H_2O})/760.0; \quad (A\text{-}8)$$

where BP = total pressure in mm Hg;

P_{H_2O} = vapor pressure of water in mm Hg;

X_i = mole fraction of the ith gas.

Vapor Pressure

The vapor pressure of fresh water can be computed from the Goff formula (ASHRAE 1972):

$$\log_{10}(P_{FW}) = 10.79586(1-\theta) + 5.02808 \log_{10}(\theta)$$
$$+ 1.50474 \times 10^{-4}(1-10^{-8.29692((1/\theta)-1)})$$
$$+ 0.42873 \times 10^{-3}(10^{4.76955(1-\theta)}-1)$$
$$- 2.2195983; \tag{A-9}$$

where θ = $273.16/(273.16 + C)$;

P_{FW} = saturation vapor pressure of fresh water in atmospheres.

The vapor pressure obtained from Equaton A-9 has to be multiplied by 760.0 before it can be used in Equations A-7 or A-8.

The vapor pressure of seawater was computed from the following equation (Robinson 1954; Sverdrup et al. 1942):

$$CL = (S - .03)/1.805; \tag{A-10}$$

$$P_{SW} = P_{FW}(1-0.0009206 CL - 0.00000236(CL)^2); \tag{A-11}$$

where S = salinity in ppt;

CL = chlorinity in ppt;

P_{FW} = vapor pressure of fresh water (from Equation A-9);

P_{SW} = vapor pressure of seawater.

Weiss and Price (1980) presented the following polynominal in temperature and salinity for the vapor pressure of seawater:

$$\log_e P_{H_2O} = 24.4543 - 67.4509 (100/T)$$
$$- 4.8489 \log_e (T/100) - 0.000544 S; \tag{A-12}$$

APPENDIX A - β AND C*

where P_{H_2O} = vapor pressure in atmosphere;

T = 273.15 + C;

S = salinity in ppt.

This equation is limited to 0-40 ppt salinity and 0-40 C, and is more convenient than Equations A-9 for use with hand-held calculators.

Computation of ρg

The ρg term was computed from the ρ equation developed by Millero and Poisson (1981) and a value of g = 9.80665 m/s²:

$$\rho = \rho_o + AS + BS^{3/2} + CS; \qquad (A-13)$$

where S = salinity in ppt;

t = temperature in Celsius;

ρ = mass density in kg/m³;

and

$$A = 8.24493 \times 10^{-1} - 4.0899 \times 10^{-3} t + 7.6438 \times 10^{-5} t^2$$
$$- 8.2467 \times 10^{-7} t^3 + 5.3875 \times 10^{-9} t^4;$$

$$B = -5.72466 \times 10^{-3} + 1.0227 \times 10^{-4} t - 1.6546 \times 10^{-6} t^2;$$

$$C = 4.8314 \times 10^{-4};$$

$$\rho_o = 999.842594 + 6.793952 \times 10^{-2} t - 9.095290 \times 10^{-3} t^2$$
$$+ 1.001685 \times 10^{-4} t^3 - 1.120083 \times 10^{-6} t^4 + 6.536336 \times 10^{-9} t^5.$$

The ρg term in kilonewtons/m³ or kilopascals/m was multiplied by 7.50062 mm Hg/kilopascal to convert to mm Hg/m.

Table A-1. Constants for Calculation of Bunsen Coefficients (β) and K_o (Weiss 1970, 1974)

Constant	Oxygen	Nitrogen	Argon	Carbon Dioxide
A1	-58.3877	-59.6274	-55.6578	-58.0931
A2	85.8079	85.7661	82.0262	90.5069
A3	23.8439	24.3696	22.5929	22.2940
B1	-0.034892	-0.051580	-0.036267	0.027766
B2	0.015568	0.026329	0.016241	-0.025888
B3	-0.0019387	-0.0037252	-0.0020114	0.0050578
K_i	1.42903	1.25043	1.78419	1.97681

Table A-2. Constants for Calculation of Air-Solubility Coefficients (C*) (Weiss 1970)

Constant	Oxygen	Nitrogen	Argon
A1	-173.4292	-172.4965	-173.5146
A2	249.6339	248.4262	245.4510
A3	143.3483	143.0738	141.8222
A4	-21.8492	-21.7120	-21.8020
B1	-0.033096	-0.049781	-0.034474
B2	0.014259	0.025018	0.014934
B3	-0.0017000	-0.0034861	-0.0017729
K_i	1.42903	1.25043	1.78419

APPENDIX B: PROGRAMS FOR HAND-HELD CALCULATORS

Included in this appendix are eight programs for the calculation of dissolved gas variables. They are written for a Hewlett-Packard 41 CV programmable calculator. Users that are unfamiliar with programming the HP-41CV should refer to the user's manual before attempting to use these programs. Specific requirements of these programs and some general instructions on the use of the HP-41CV are presented below.

Keying a Program into the HP-41CV

Each key stroke is represented by ☐. Quotation marks (") indicate that the word is keyed in after the ALPHA key is hit. These quotation marks are not keyed in. The yellow shift key is represented by ■. To key in a number in the ALPHA mode (e.g., BUNO2), the yellow shift key must be keyed first. As each program step is entered, the program command will be displayed. For some key strokes, the displayed program command may be represented in a slightly different manner.

Storage Allocation

Prior to programming, it is necessary to make two changes in the configuration of the storage register:

| XEQ | ALPHA | "SIZE" | ALPHA | 071 |
| XEQ | ALPHA | ■ X⇄Y | "REG" | ALPHA | 65 |

These commands allocate 71 storage registers and assign the statistical registers to R_{65} through R_{70}.

Entering a Number into the Storage Registers

After modification of the storage allocation, the numerical constant used in the programs must be keyed into the storage registers. The contents of the storage registers are listed in Table B-1. Those with numeric values are constants and need to be entered. To enter a number into one of the storage registers, key in the number and then key STO YY, where YY is the number of the register. To view the contents of any storge registers, key RCL XX, where XX is the number of the register.

Entering the Programs

The actual programs are listed in Tables B-2 through B-9. These programs must be keyed into the calculator. The calculator must be in the program mode during this process. The box symbol (☐) for each key stroke has been omitted from the program listing for simplicity.

Entering Numerical Values into the HP-41CV

After the storage registers are filled and the programs are entered, the specific parameters for a given program (e.g., temperature and salinity) must be entered into the calculator. The HP41CV has an automatic memory stack. These are referred to as X, Y, Z, and T. Only the X stack is displayed. Each time ENTER is keyed, the contents of X are moved into Y, the contents of Y are moved into Z, and the contents of Z are moved into T. If the following numbers are to placed into the stack:

    T: 40.0

    Z: 12.2

    Y: 14.0

    X: 3.0

then the following procedure is used:

    Step 1: Key in 40.0

    Step 2: ENTER

    Step 3: Key in 12.2

    Step 4: ENTER

APPENDIX B - CALCULATOR PROGRAMS

Step 5: Key in 14.0

Step 6: ENTER

Step 7: Key in 3.0

The R↓ key can be used to drop the Y stack into the X register. If R↓ is depressed, then 14.0 is dropped in the X register and 3.0 is rolled into T. Additional keying of R↓ can be used to view the contents of the other registers.

Execution of a Program

Once the parameter values have been entered, the program named CSTAR is executed by the following procedure:

XEQ   ALPHA   "CSTAR"   ALPHA

or by R/S after the first execution.

WARNING

The equations on which these programs are based are valid for temperatures $\leq$ 40.0 C and salinities $\leq$ 40.0 ppt. The use of these programs beyond these limits should be made with caution.

Program CSTAR

Purpose: To compute the air solubility of oxygen at a barometric pressure equal to 760 mm Hg as functions of temperature and salinity.

Input: T
        Z
        Y   temperature (C)
        X   salinity (ppt)

Execution:
        [XEQ]   [ALPHA]   "CSTAR"   [ALPHA]
    or [R/S] after the first execution

Output: T
        Z
        Y   C* (mL/L)
        X   C* (mg/L)

        Also Stores C* (mg/L) in register 06

Subroutines: None

APPENDIX B - CALCULATOR PROGRAMS

Example B-1

Compute the air solubility of oxygen when the temperature is 34 C and salinity is 35.0 ppt. Compare with Table 27.

INPUT		OUTPUT	
T		T	
Z		Z	
Y	34.0	Y	4.092 mL/L
X	35.0	X	5.848 mg/L

Table 27: __5.848 mg/L__

Example B-2

Compute the air solubility of oxygen when the temperature is 11.1 C and salinity is 0.0 ppt. Compare with Table 1.

INPUT		OUTPUT	
T		T	
Z		Z	
Y	11.1	Y	7.691 mL/L
X	0.0	X	10.991 mg/L

Table 1: __10.991 mg/L__

Program BAROM

Purpose: To compute the solubility of oxygen as functions of temperature and barometric pressure.

Input: T
          Z   temperature (C)
          Y   salinity (ppt)
          X   barometric pressure (mm Hg)

Execution:
          XEQ   ALPHA   "BAROM"   ALPHA
          or R/S after the first execution

Output: T
           Z
           Y   C* (mL/L)
           X   C* (mg/L)

Subroutines: WATER; CSTAR

APPENDIX B - CALCULATOR PROGRAMS 123

Example B-3

Compute the air solubility of oxygen when the temperature is 4.0 C, salinity is 0.0 ppt, and barometric pressure is 780.0 mm Hg. Compare with Table 19.

INPUT		OUTPUT	
T		T	
Z	4.0	Z	
Y	0.0	Y	9.406 mL/L
X	780.0	X	13.441 mg/L

Table 19: <u>13.441 mg/L</u>

Program METER

Purpose: To compute the solubility of oxygen as functions of temperature, salinity, and elevation in meters.

Assumptions: Barometric pressure at sea level is 760.0 mm Hg and mean air temperature is 20 C.

Input:
```
T
Z    temperature (C)
Y    salinity (ppt)
X    elevation in meters
```

Execution:

[XEQ]   [ALPHA]   "METER"   [ALPHA]
or [R/S] after the first execution

Output:
```
T
Z
Y    C* (mL/L)
X    C* (mg/L)
```

Subroutines: BAROM; WATER; CSTAR

APPENDIX B - CALCULATOR PROGRAMS

Example B-4

Compute the air solubility of oxygen when the temperature is 27 C, salinity is 0.0 ppt, and elevation is 1000 m. Compare with Table 21.

INPUT		OUPUT	
T		T	
Z	27.0	Z	
Y	0.0	Y	4.928 mL/L
X	1000.0	X	7.042 mg/L

Table 21: <u>7.042 mg/L</u>

Program FEET

Purpose: To compute the solubility of oxygen as functions of temperature, salinity, and elevation in feet.

Assumptions: Barometric pressure at sea level is 760.0 mm Hg and mean air temperature is 20 C.

Input:

T	
Z	temperature (C)
Y	salinity (ppt)
X	elevation in feet

Execution:

[XEQ]   [ALPHA]   "FEET"   [ALPHA]
OR [R/S] after the first execution

Output:

T	
Z	
Y	C* (mL/L)
X	C* (mg/L)

Subroutines: BAROM; WATER; CSTAR

APPENDIX B - CALCULATOR PROGRAMS

Example B-5

Compute the air solubility of oxygen when the temperature is 10 C, salinity is 0.0 ppt, and elevation is 4000 ft. Compare with Table 23.

INPUT		OUTPUT	
T		T	
Z	10.0	Z	
Y	0.0	Y	6.833 mL/L
X	4000.0	X	9.764 mg/L

Table 23:   9.764 mg/L

Program BUNO2

Purpose: To compute the Bunsen coefficient for oxygen in L/L·atm as a function of temperature and salinity.

Input:
- T
- Z
- Y — temperature (C)
- X — salinity (ppt)

Execution:

[XEQ] [ALPHA] "BUNO2" [ALPHA]

or [R/S] after the first execution

Output:
- T
- Z
- Y
- X β_{O_2}

Also: Stores β_{O_2} in register 07

Subroutines: None

APPENDIX B - CALCULATOR PROGRAMS   129

Example B-6

Compute the Bunsen coefficient for oxygen when the temperature is 21.0 C and salinity is 40.0 ppt. Compare with Table 35.

INPUT		OUTPUT	
T		T	
Z		Z	
Y	21.0	Y	
X	40.0	X	0.02410 L/L·atm

Table 35: <u>0.02410 L/L·atm</u>

Program BUNCO2

Purpose: To compute the Bunsen coefficient for carbon dioxide in L/L·atm as functions of temperature and salinity.

Input: T
Z
Y   temperature (C)
X   salinity (ppt)

Execution:

[XEQ]   [ALPHA]   "BUNCO2"   [ALPHA]

or [R/S] after the first execution

Output: T
Z
Y
X β_{CO_2}

Also: Stores β_{CO_2} in register 08

Subroutines: None

APPENDIX B - CALCULATOR PROGRAMS

Example B-7

Compute the Bunsen coefficient for carbon dioxide when the temperature is 21.0 C and salinity is 40.0 ppt. Compare with Table 41.

INPUT		OUTPUT	
T		T	
Z		Z	
Y	21.0	Y	
X	40.0	X	0.7028 L/L·atm

Table 41:   0.7028 L/L·atm

Program WATER

Purpose: To compute the vapor pressure of water in mm Hg as functions of temperature and salinity.

Assumptions: This program uses Equation A-12 rather than Equations A-9 and A-11.

Input:
- T
- Z
- Y   temperature (C)
- X   salinity (ppt)

Execution:

     [XEQ]   [ALPHA]   "WATER"   [ALPHA]

or [R/S] after the first execution

Output:
- T
- Z
- Y
- X P_{H_2O}

Also: Stores P_{H_2O} in register 09

Subroutines: None

APPENDIX B - CALCULATOR PROGRAMS   133

Example B-8

Compute the vapor pressure of water when the temperature is 10.0 C and salinity is 0.0 ppt. Compare with Table 5.

INPUT		OUTPUT	
T		T	
Z		Z	
Y	10.0	Y	
X	0.0	X	9.20 mm Hg

Table 5: 9.20 mm Hg

Program DELTAP

Purpose: To compute supersaturation parameters in Table 48.

First Input:
- T
- Z
- Y   temperature (C)
- X   salinity (ppt)

First Execution:

     [XEQ]   [ALPHA]   "DELTAP"   [ALPHA]

     or [R/S] after the first execution

Second Input:
- T   barometric pressures (mm Hg)
- Z ΔP (mm Hg)
- Y   dissolved oxygen (mg/L)
- X   dissolved carbon dioxide (mg/L)

Second Execution: [R/S]

Output:
- T ΔP_{CO_2}
- X ΔP_{O_2}
- Y ΔP_{N_2+Ar}
- X ΔP

Other Output Parameters[a]

Parameter	Register	Parameter	Register	Parameter	Register
$BP+\Delta P$	46	ΔP	50	TGP (%)	54
P_{N_2+Ar}	47	ΔP_{N_2+Ar}	51	N_2+Ar (%)	55
P_{O_2}	48	ΔP_{O_2}	52	O_2 (%)	56
P_{CO_2}	49	ΔP_{CO_2}	53	CO_2 (%)	57

[a] Refer to Table 48 on page 83

APPENDIX B - CALCULATOR PROGRAMS   135

Subroutines: BUNO2;   BUNCO2;   WATER

Example B-9

Work Example 20. The results are in registers 46-49.

First Input		Second Input	
T		T	765.0
Z		Z	121.0
Y	13.9	Y	7.39
X	0.0	X	0.9

Output

TGP (mm Hg):	886.0	RCL 46
P_{N_2+Ar} (mm Hg):	761.9	RCL 47
P_{O_2} (mm Hg):	112.2	RCL 48
P_{CO_2} (mm Hg):	0.3	RCL 49

Example B-10

Work Example 21.

Output

T	+0.1	ΔP_{CO_2} (mm Hg)
Z	-45.5	ΔP_{O_2} (mm Hg)
Y	166.6	ΔP_{N_2+Ar} (mm Hg)
X	121.0	ΔP (mm Hg)

NOTE: use the [R↓] key to drop the results into the X register

Example B-11

Work example 22. Results are in registers 54-57.

Output

TGP (%):	115.8	[RCL] 54
N_2+Ar (%):	128.0	[RCL] 55
O_2 (%):	71.1	[RCL] 56
CO_2 (%):	136.8	[RCL] 57

APPENDIX B - CALCULATOR PROGRAMS

Table B-1. Data Storage

Register	Value/Parameter	Symbol
	Common Data Storage	
00	Temperature (C)	T
01	Salinity (ppt)	S
02	Barometric pressure (mm Hg)	BP
03	ΔP (mm Hg)	ΔP
04	Dissolved oxygen (mg/L)	DO
05	Dissolved carbon dioxide (mg/L)	DC
06	Air solubility of oxygen (mg/L)	C*
07	Bunsen coefficient of oxygen (L/L·atm)	β_{O_2}
08	Bunsen coefficient of carbon dioxide (L/L·atm)	β_{CO_2}
09	Vapor pressure of water (mm Hg)	P_{H_2O}
	Data for Program CSTAR	
10	273.15	
11	100.0	
12	Temperature + 273.15	T + 273.15
13	(Temperature + 273.15)/100.0	(T + 273.15)/100
14	-173.4292	A1
15	249.6339	A2
16	143.3483	A3
17	-21.8492	A4
18	-0.033096	B1
19	+0.014259	B2
20	-0.0017000	B3
21	+1.42903	K

Table B-1 (continued)

Register	Value/Parameter	Symbol
	Data for Program WATER	
22	−0.000544	
23	−4.8489	
24	−67.4509	
25	24.4543	
26	760.0	
	Data for Program BUNO2	
27	−58.3877	A1
28	85.8079	A2
29	23.8439	A3
30	−0.034892	B1
31	0.015568	B2
32	−0.0019387	B3
	Data for Program BUNCO2	
33	−58.0931	A1
34	90.5069	A2
35	22.2940	A3
36	0.027766	B1
37	−0.025888	B2
38	0.0050578	B3
39	22.263	Vol
	Data for Program DELTAP	
40	0.5318	A_{O_2}
41	0.3845	A_{CO_2}

APPENDIX B - CALCULATOR PROGRAMS

Table B-1 (continued)

Register	Value/Parameter	Symbol
42	0.7902	X_{N_2+Ar}
43	0.7905	$X_{N_2+Ar+CO_2}$
44	0.20946	X_{O_2}
45	0.00032	X_{CO_2}
Output from Program DELTAP		
46	Total gas pressure (mm Hg)	TGP
47	Partial pressure of N_2+Ar in water	P_{N_2+Ar}
48	Partial pressure of O_2 in water	P_{O_2}
49	Partial pressure of CO_2 in water	P_{CO_2}
50	ΔP (mm Hg)	ΔP
51	ΔP for N_2+Ar (mm Hg)	ΔP_{N_2+Ar}
52	ΔP for O_2 (mm Hg)	ΔP_{O_2}
53	ΔP for CO_2 (mm Hg)	ΔP_{CO_2}
54	Total gas pressure (%)	TGP (%)
55	N_2+Ar saturation (%)	N_2+Ar (%)
56	O_2 saturation (%)	O_2 (%)
57	CO_2 saturation (%)	CO_2 (%)
58	Barometric pressure of dry air (mm Hg)	$BP-P_{H_2O}$
59	Partial pressure of N_2+Ar in air (mm Hg)	P_{N_2+Ar}
60	Partial pressure of O_2 in air (mm Hg)	P_{O_2}
61	Partial pressure of CO_2 in air (mm Hg)	P_{CO_2}
Data for Program FEET and METER		
62	19,748.2	
63	2.880814	

Table B-1 (continued)

Register	Value/Parameter	Symbol
64	64,790.7	
65		
66		
67		
68		
69		

APPENDIX B - CALCULATOR PROGRAMS

Table B-2. Program CSTAR

■ GTO..				RCL 17
■ LBL	ALPHA	"CSTAR"	ALPHA	x
STO 01				+
R↓				RCL 13
STO 00				ln
RCL 10				RCL 16
+				x
STO 12				+
RCL 11				RCL 13
÷				1/x
STO 13				RCL 15
■ x^2				x
RCL 20				+
x				RCL 14
RCL 13				+
RCL 19				■ e^x
x				ENTER
+				ENTER
RCL 18				RCL 21
+				x
RCL 01				STO 06
x				■ GTO..
RCL 13				

Table B-3 Program BAROM

■ GTO ..
■ LBL   ALPHA   "BAROM"   ALPHA
STO 02
R↓
XEQ   ALPHA   "WATER"   ALPHA
RCL 00
ENTER
RCL 01
XEQ   ALPHA   "CSTAR"   ALPHA
RCL 02
RCL 09
—
RCL 26
RCL 09
—
÷
RCL 06
x
ENTER
ENTER
RCL 21
÷
x⇄y
■ GTO ..

APPENDIX B - CALCULATOR PROGRAMS

Table B-4 Program METER

■ GTO..

■ LBL ALPHA "METER" ALPHA

RCL 62

÷

CHS

RCL 63

+

■ 10^x

XEQ ALPHA "BAROM" ALPHA

■ GTO..

Table B-5 Program FEET

■ GTO..

■ LBL ALPHA "FEET" ALPHA

RCL 64

÷

CHS

RCL 63

+

■ 10^x

XEQ ALPHA "BAROM" ALPHA

■ GTO..

Table B-6. Program BUNO2

■ GTO..					+
■ LBL	ALPHA	"BUNO2"	ALPHA		RCL 01
STO 01					x
R↓					RCL 13
STO 00					ln
RCL 10					RCL 29
+					x
STO 12					+
RCL 11					RCL 13
÷					1/x
STO 13					RCL 28
■ x^2					x
RCL 32					+
x					RCL 27
RCL 13					+
RCL 31					■ e^x
x					STO 07
+					■ GTO..
RCL 30					

Table B-7 Program BUNCO2

■ GTO..
■ LBL ALPHA "BUNCO2" ALPHA
STO 01
R↓
STO 00
RCL 10
+
STO 12
RCL 11
÷
STO 13
■ x^2
RCL 38
x
RCL 13
RCL 37
x
+
RCL 36
+
RCL 01
x
RCL 13
ln
RCL 35
x
+
RCL 13
1/x
RCL 34
x
+
RCL 33
+
■ e^x
RCL 39
x
STO 08
■ GTO..

Table B-8 Program WATER

■ GTO..				RCL 23	
■ LBL	ALPHA	"WATER"	ALPHA	x	
STO 01				+	
R↓				RCL 13	
STO 00				1/x	
RCL 10				RCL 24	
+				x	
STO 12				+	
RCL 11				RCL 25	
÷				+	
STO 13				■ e^x	
RCL 22				RCL 26	
RCL 01				x	
x				STO 09	
RCL 13				■ GTO..	
ln					

Table B-9 Program DELTAP

■	GTO..				RCL 04
■	LBL	ALPHA	"DELTAP"	ALPHA	RCL 07
XEQ	ALPHA	"BUNO2"	ALPHA		÷
RCL 00					RCL 40
ENTER					x
RCL 01					STO 48
XEQ	ALPHA	"BUNCO2"	ALPHA		RCL 02
RCL 00					RCL 03
ENTER					+
RCL 01					STO 46
XEQ	ALPHA	"WATER"	ALPHA		RCL 48
R/S					--
STO 05					RCL 09
R↓					--
STO 04					STO 47
R↓					RCL 02
STO 03					RCL 09
R↓					--
STO 02					STO 58
RCL 05					RCL 42
RCL 08					x
÷					STO 59
RCL 41					RCL 58
x					RCL 44
STO 49					x

Table B-9 (continued)

STO 60	RCL 61	÷
RCL 58	--	RCL 11
RCL 45	STO 53	x
x	RCL 02	STO 56
STO 61	RCL 03	RCL 49
RCL 03	+	RCL 61
STO 50	RCL 02	÷
RCL 58	÷	RCL 11
RCL 43	RCL 11	x
x	x	STO 57
CHS	STO 54	RCL 53
RCL 47	RCL 47	ENTER
+	RCL 59	RCL 52
STO 51	÷	ENTER
RCL 48	RCL 11	RCL 51
RCL 60	x	ENTER
--	STO 55	RCL 50
STO 52	RCL 48	■ GTO..
RCL 49	RCL 60	

APPENDIX C: PHYSICAL PROPERTIES OF WATER

Table C-1. Density of Water in kg/m^3
(Based on Millero and Poisson (1981))

Temp (C)	Salinity, parts per thousand (ppt)								
	0	5	10	15	20	25	30	35	40
0	999.8	1003.9	1008.0	1012.0	1016.0	1020.0	1024.1	1028.1	1032.1
1	999.9	1004.0	1008.0	1012.0	1016.0	1020.0	1024.0	1028.0	1032.1
2	999.9	1004.0	1008.0	1012.0	1016.0	1020.0	1024.0	1028.0	1032.0
3	1000.0	1004.0	1008.0	1012.0	1015.9	1019.9	1023.9	1027.9	1031.9
4	1000.0	1004.0	1007.9	1011.9	1015.9	1019.8	1023.8	1027.8	1031.8
5	1000.0	1003.9	1007.9	1011.9	1015.8	1019.8	1023.7	1027.7	1031.6
6	999.9	1003.9	1007.9	1011.8	1015.7	1019.7	1023.6	1027.6	1031.5
7	999.9	1003.9	1007.8	1011.7	1015.6	1019.6	1023.5	1027.4	1031.4
8	999.9	1003.8	1007.7	1011.6	1015.5	1019.4	1023.4	1027.3	1031.2
9	999.8	1003.7	1007.6	1011.5	1015.4	1019.3	1023.2	1027.1	1031.0
10	999.7	1003.6	1007.5	1011.4	1015.3	1019.2	1023.1	1027.0	1030.9
11	999.6	1003.5	1007.4	1011.3	1015.1	1019.0	1022.9	1026.8	1030.7
12	999.5	1003.4	1007.2	1011.1	1015.0	1018.8	1022.7	1026.6	1030.5
13	999.4	1003.3	1007.1	1011.0	1014.8	1018.7	1022.5	1026.4	1030.3
14	999.2	1003.1	1007.0	1010.8	1014.6	1018.5	1022.3	1026.2	1030.1
15	999.1	1003.0	1006.8	1010.6	1014.4	1018.3	1022.1	1026.0	1029.8
16	998.9	1002.8	1006.6	1010.4	1014.2	1018.1	1021.9	1025.7	1029.6
17	998.8	1002.6	1006.4	1010.2	1014.0	1017.9	1021.7	1025.5	1029.4
18	998.6	1002.4	1006.2	1010.0	1013.8	1017.6	1021.4	1025.3	1029.1
19	998.4	1002.2	1006.0	1009.8	1013.6	1017.4	1021.2	1025.0	1028.8
20	998.2	1002.0	1005.8	1009.6	1013.4	1017.2	1021.0	1024.8	1028.6
21	998.0	1001.8	1005.6	1009.3	1013.1	1016.9	1020.7	1024.5	1028.3
22	997.8	1001.6	1005.3	1009.1	1012.9	1016.6	1020.4	1024.2	1028.0
23	997.5	1001.3	1005.1	1008.8	1012.6	1016.4	1020.1	1023.9	1027.7
24	997.3	1001.1	1004.8	1008.6	1012.3	1016.1	1019.9	1023.6	1027.4
25	997.0	1000.8	1004.6	1008.3	1012.1	1015.8	1019.6	1023.3	1027.1
26	996.8	1000.5	1004.3	1008.0	1011.8	1015.5	1019.3	1023.0	1026.8
27	996.5	1000.3	1004.0	1007.7	1011.5	1015.2	1019.0	1022.7	1026.5
28	996.2	1000.0	1003.7	1007.4	1011.2	1014.9	1018.6	1022.4	1026.2
29	995.9	999.7	1003.4	1007.1	1010.8	1014.6	1018.3	1022.1	1025.8
30	995.7	999.4	1003.1	1006.8	1010.5	1014.3	1018.0	1021.7	1025.5
31	995.3	999.1	1002.8	1006.5	1010.2	1013.9	1017.6	1021.4	1025.1
32	995.0	998.7	1002.5	1006.2	1009.9	1013.6	1017.3	1021.0	1024.8
33	994.7	998.4	1002.1	1005.8	1009.5	1013.2	1016.9	1020.7	1024.4
34	994.4	998.1	1001.8	1005.5	1009.2	1012.9	1016.6	1020.3	1024.0
35	994.0	997.7	1001.4	1005.1	1008.8	1012.5	1016.2	1019.9	1023.7
36	993.7	997.4	1001.1	1004.8	1008.4	1012.1	1015.8	1019.6	1023.3
37	993.3	997.0	1000.7	1004.4	1008.1	1011.8	1015.5	1019.2	1022.9
38	993.0	996.7	1000.3	1004.0	1007.7	1011.4	1015.1	1018.8	1022.5
39	992.6	996.3	1000.0	1003.6	1007.3	1011.0	1014.7	1018.4	1022.1
40	992.2	995.9	999.6	1003.2	1006.9	1010.6	1014.3	1018.0	1021.7

Table C-2. Specific Weight of Water in kN/m^3
(Based on Millero and Poisson (1981) and g = 9.80665 m/s^2)

Temp (C)	Salinity, parts per thousand (ppt)								
	0	5	10	15	20	25	30	35	40
0	9.805	9.845	9.885	9.924	9.964	10.003	10.043	10.082	10.122
1	9.806	9.845	9.885	9.924	9.964	10.003	10.042	10.082	10.121
2	9.806	9.846	9.885	9.924	9.963	10.002	10.042	10.081	10.120
3	9.806	9.846	9.885	9.924	9.963	10.002	10.041	10.080	10.119
4	9.806	9.846	9.885	9.923	9.962	10.001	10.040	10.079	10.118
5	9.806	9.845	9.884	9.923	9.962	10.000	10.039	10.078	10.117
6	9.806	9.845	9.884	9.922	9.961	9.999	10.038	10.077	10.116
7	9.806	9.844	9.883	9.921	9.960	9.998	10.037	10.076	10.114
8	9.805	9.844	9.882	9.921	9.959	9.997	10.036	10.074	10.113
9	9.805	9.843	9.881	9.919	9.958	9.996	10.034	10.073	10.111
10	9.804	9.842	9.880	9.918	9.956	9.995	10.033	10.071	10.109
11	9.803	9.841	9.879	9.917	9.955	9.993	10.031	10.069	10.107
12	9.802	9.840	9.878	9.916	9.953	9.991	10.029	10.067	10.106
13	9.801	9.839	9.876	9.914	9.952	9.990	10.028	10.065	10.104
14	9.799	9.837	9.875	9.912	9.950	9.988	10.026	10.063	10.101
15	9.798	9.836	9.873	9.911	9.948	9.986	10.024	10.061	10.099
16	9.796	9.834	9.871	9.909	9.946	9.984	10.021	10.059	10.097
17	9.795	9.832	9.870	9.907	9.944	9.982	10.019	10.057	10.095
18	9.793	9.830	9.868	9.905	9.942	9.980	10.017	10.054	10.092
19	9.791	9.828	9.866	9.903	9.940	9.977	10.015	10.052	10.090
20	9.789	9.826	9.863	9.901	9.938	9.975	10.012	10.049	10.087
21	9.787	9.824	9.861	9.898	9.935	9.972	10.010	10.047	10.084
22	9.785	9.822	9.859	9.896	9.933	9.970	10.007	10.044	10.081
23	9.783	9.820	9.856	9.893	9.930	9.967	10.004	10.041	10.079
24	9.780	9.817	9.854	9.891	9.928	9.964	10.001	10.039	10.076
25	9.778	9.815	9.851	9.888	9.925	9.962	9.999	10.036	10.073
26	9.775	9.812	9.849	9.885	9.922	9.959	9.996	10.033	10.070
27	9.772	9.809	9.846	9.882	9.919	9.956	9.993	10.029	10.066
28	9.770	9.806	9.843	9.880	9.916	9.953	9.989	10.026	10.063
29	9.767	9.804	9.840	9.877	9.913	9.950	9.986	10.023	10.060
30	9.764	9.801	9.837	9.873	9.910	9.946	9.983	10.020	10.057
31	9.761	9.798	9.834	9.870	9.907	9.943	9.980	10.016	10.053
32	9.758	9.794	9.831	9.867	9.903	9.940	9.976	10.013	10.050
33	9.755	9.791	9.827	9.864	9.900	9.936	9.973	10.009	10.046
34	9.751	9.788	9.824	9.860	9.897	9.933	9.969	10.006	10.042
35	9.748	9.784	9.821	9.857	9.893	9.929	9.966	10.002	10.039
36	9.745	9.781	9.817	9.853	9.889	9.926	9.962	9.998	10.035
37	9.741	9.778	9.814	9.850	9.886	9.922	9.958	9.995	10.031
38	9.738	9.774	9.810	9.846	9.882	9.918	9.954	9.991	10.027
39	9.734	9.770	9.806	9.842	9.878	9.914	9.951	9.987	10.023
40	9.730	9.766	9.802	9.838	9.874	9.911	9.947	9.983	10.019

APPENDIX C - PHYSICAL PROPERTIES OF WATER

Table C-3. Heat Capacity (C_p) of Water in J/g·C
(Based on Millero et al. (1973))

Temp (C)	\multicolumn{9}{c}{Salinity, parts per thousand (ppt)}								
	0	5	10	15	20	25	30	35	40
0	4.2174	4.1812	4.1466	4.1130	4.0804	4.0484	4.0172	3.9865	3.9564
1	4.2138	4.1781	4.1439	4.1108	4.0785	4.0470	4.0161	3.9858	3.9561
2	4.2105	4.1752	4.1415	4.1088	4.0769	4.0458	4.0152	3.9853	3.9559
3	4.2074	4.1726	4.1393	4.1070	4.0755	4.0447	4.0146	3.9850	3.9559
4	4.2046	4.1702	4.1374	4.1054	4.0743	4.0439	4.0141	3.9848	3.9560
5	4.2020	4.1681	4.1356	4.1041	4.0733	4.0432	4.0137	3.9847	3.9563
6	4.1996	4.1661	4.1340	4.1028	4.0724	4.0427	4.0135	3.9849	3.9567
7	4.1974	4.1643	4.1326	4.1018	4.0717	4.0423	4.0134	3.9851	3.9572
8	4.1954	4.1627	4.1313	4.1009	4.0711	4.0420	4.0135	3.9854	3.9578
9	4.1936	4.1612	4.1302	4.1001	4.0707	4.0419	4.0136	3.9858	3.9585
10	4.1919	4.1599	4.1293	4.0995	4.0704	4.0418	4.0139	3.9864	3.9593
11	4.1903	4.1587	4.1284	4.0989	4.0701	4.0419	4.0142	3.9870	3.9602
12	4.1889	4.1577	4.1277	4.0985	4.0700	4.0420	4.0146	3.9876	3.9611
13	4.1877	4.1567	4.1271	4.0982	4.0699	4.0422	4.0150	3.9883	3.9620
14	4.1865	4.1559	4.1265	4.0979	4.0699	4.0425	4.0156	3.9891	3.9630
15	4.1855	4.1552	4.1261	4.0977	4.0700	4.0428	4.0161	3.9899	3.9640
16	4.1845	4.1545	4.1257	4.0976	4.0701	4.0432	4.0167	3.9907	3.9650
17	4.1837	4.1540	4.1254	4.0975	4.0703	4.0436	4.0173	3.9915	3.9660
18	4.1829	4.1535	4.1251	4.0975	4.0705	4.0440	4.0180	3.9923	3.9671
19	4.1822	4.1530	4.1249	4.0976	4.0708	4.0445	4.0186	3.9932	3.9681
20	4.1816	4.1527	4.1248	4.0976	4.0710	4.0449	4.0193	3.9940	3.9691
21	4.1811	4.1523	4.1247	4.0977	4.0713	4.0454	4.0199	3.9948	3.9701
22	4.1806	4.1521	4.1246	4.0978	4.0716	4.0459	4.0206	3.9956	3.9711
23	4.1801	4.1518	4.1246	4.0980	4.0719	4.0464	4.0212	3.9964	3.9720
24	4.1797	4.1516	4.1246	4.0981	4.0723	4.0468	4.0218	3.9972	3.9729
25	4.1794	4.1515	4.1246	4.0983	4.0726	4.0473	4.0224	3.9979	3.9738
26	4.1791	4.1513	4.1246	4.0985	4.0729	4.0477	4.0230	3.9986	3.9746
27	4.1788	4.1512	4.1246	4.0986	4.0732	4.0482	4.0235	3.9993	3.9754
28	4.1786	4.1511	4.1247	4.0988	4.0735	4.0486	4.0241	3.9999	3.9761
29	4.1784	4.1511	4.1247	4.0990	4.0737	4.0490	4.0246	4.0005	3.9768
30	4.1782	4.1510	4.1248	4.0991	4.0740	4.0493	4.0250	4.0010	3.9774
31	4.1781	4.1510	4.1248	4.0993	4.0743	4.0497	4.0254	4.0015	3.9780
32	4.1780	4.1510	4.1249	4.0995	4.0745	4.0500	4.0258	4.0020	3.9785
33	4.1779	4.1510	4.1250	4.0996	4.0747	4.0502	4.0262	4.0024	3.9790
34	4.1779	4.1510	4.1251	4.0998	4.0749	4.0505	4.0265	4.0028	3.9794
35	4.1779	4.1511	4.1252	4.0999	4.0751	4.0507	4.0267	4.0031	3.9798
36	4.1779	4.1511	4.1253	4.1000	4.0753	4.0510	4.0270	4.0034	3.9801
37	4.1779	4.1512	4.1254	4.1002	4.0755	4.0511	4.0272	4.0036	3.9803
38	4.1780	4.1513	4.1255	4.1003	4.0756	4.0513	4.0274	4.0038	3.9806
39	4.1782	4.1515	4.1257	4.1005	4.0758	4.0515	4.0276	4.0040	3.9807
40	4.1784	4.1516	4.1258	4.1006	4.0759	4.0516	4.0277	4.0041	3.9809

Table C-4. Viscosity of Water in $(Ns/m^2) \times 10^{+3}$
(Based on Riley and Skirrow (1975))

Temp (C)	Salinity, parts per thousand (ppt)								
	0	5	10	15	20	25	30	35	40
0	1.7912	1.8043	1.8175	1.8307	1.8440	1.8574	1.8709	1.8845	1.8982
1	1.7309	1.7439	1.7569	1.7698	1.7829	1.7960	1.8093	1.8226	1.8360
2	1.6738	1.6866	1.6993	1.7121	1.7249	1.7378	1.7508	1.7639	1.7771
3	1.6195	1.6323	1.6448	1.6573	1.6699	1.6826	1.6953	1.7082	1.7211
4	1.5680	1.5806	1.5929	1.6052	1.6176	1.6301	1.6426	1.6552	1.6679
5	1.5190	1.5315	1.5436	1.5557	1.5679	1.5801	1.5924	1.6048	1.6173
6	1.4724	1.4847	1.4967	1.5086	1.5206	1.5326	1.5447	1.5569	1.5691
7	1.4280	1.4402	1.4520	1.4637	1.4755	1.4873	1.4992	1.5112	1.5232
8	1.3857	1.3978	1.4094	1.4210	1.4325	1.4442	1.4559	1.4676	1.4795
9	1.3453	1.3573	1.3688	1.3801	1.3916	1.4030	1.4145	1.4261	1.4377
10	1.3068	1.3187	1.3300	1.3412	1.3524	1.3637	1.3750	1.3864	1.3978
11	1.2700	1.2818	1.2929	1.3040	1.3150	1.3261	1.3373	1.3485	1.3598
12	1.2349	1.2466	1.2575	1.2684	1.2793	1.2902	1.3012	1.3122	1.3233
13	1.2012	1.2128	1.2236	1.2344	1.2451	1.2559	1.2667	1.2776	1.2885
14	1.1690	1.1805	1.1912	1.2018	1.2124	1.2230	1.2336	1.2443	1.2551
15	1.1382	1.1496	1.1601	1.1706	1.1810	1.1915	1.2020	1.2125	1.2231
16	1.1087	1.1200	1.1304	1.1407	1.1510	1.1613	1.1716	1.1820	1.1925
17	1.0803	1.0915	1.1018	1.1120	1.1221	1.1323	1.1425	1.1528	1.1631
18	1.0532	1.0642	1.0744	1.0844	1.0945	1.1045	1.1146	1.1247	1.1348
19	1.0271	1.0381	1.0481	1.0580	1.0679	1.0778	1.0877	1.0977	1.1077
20	1.0020	1.0129	1.0228	1.0326	1.0424	1.0521	1.0619	1.0718	1.0817
21	0.9779	0.9887	0.9985	1.0082	1.0178	1.0275	1.0371	1.0469	1.0566
22	0.9547	0.9654	0.9751	0.9847	0.9942	1.0037	1.0133	1.0229	1.0325
23	0.9324	0.9431	0.9526	0.9621	0.9715	0.9809	0.9903	0.9998	1.0093
24	0.9110	0.9215	0.9310	0.9403	0.9496	0.9589	0.9682	0.9776	0.9870
25	0.8903	0.9007	0.9101	0.9193	0.9285	0.9377	0.9469	0.9561	0.9654
26	0.8704	0.8807	0.8900	0.8991	0.9082	0.9173	0.9264	0.9355	0.9447
27	0.8512	0.8614	0.8706	0.8796	0.8886	0.8976	0.9066	0.9156	0.9246
28	0.8326	0.8428	0.8519	0.8608	0.8697	0.8786	0.8875	0.8964	0.9053
29	0.8147	0.8249	0.8338	0.8427	0.8515	0.8602	0.8690	0.8778	0.8867
30	0.7975	0.8075	0.8164	0.8251	0.8338	0.8425	0.8512	0.8599	0.8686
31	0.7808	0.7908	0.7996	0.8082	0.8168	0.8254	0.8340	0.8426	0.8512
32	0.7647	0.7746	0.7833	0.7918	0.8003	0.8088	0.8173	0.8258	0.8344
33	0.7491	0.7589	0.7675	0.7760	0.7844	0.7928	0.8012	0.8097	0.8181
34	0.7340	0.7438	0.7523	0.7607	0.7690	0.7773	0.7857	0.7940	0.8024
35	0.7194	0.7291	0.7376	0.7459	0.7541	0.7624	0.7706	0.7788	0.7871
36	0.7053	0.7149	0.7233	0.7315	0.7397	0.7478	0.7560	0.7642	0.7723
37	0.6917	0.7012	0.7095	0.7177	0.7257	0.7338	0.7419	0.7499	0.7580
38	0.6784	0.6879	0.6961	0.7042	0.7122	0.7202	0.7282	0.7362	0.7442
39	0.6656	0.6750	0.6832	0.6912	0.6991	0.7070	0.7149	0.7228	0.7307
40	0.6531	0.6625	0.6706	0.6785	0.6864	0.6942	0.7020	0.7098	0.7177

APPENDIX C - PHYSICAL PROPERTIES OF WATER

Table C-5. Kinematic Viscosity of Water in $(m^2/s) \times 10^{+6}$
(Based on Riley and Skirrow (1975) and Millero and Poisson (1981))

Temp (C)	\multicolumn{9}{c}{Salinity, parts per thousand (ppt)}								
	0	5	10	15	20	25	30	35	40
0	1.7915	1.7973	1.8031	1.8090	1.8149	1.8209	1.8269	1.8330	1.8391
1	1.7311	1.7371	1.7429	1.7489	1.7548	1.7608	1.7668	1.7729	1.7790
2	1.6739	1.6800	1.6859	1.6918	1.6978	1.7038	1.7098	1.7159	1.7220
3	1.6196	1.6258	1.6318	1.6377	1.6437	1.6497	1.6558	1.6618	1.6679
4	1.5680	1.5743	1.5803	1.5863	1.5923	1.5983	1.6044	1.6104	1.6165
5	1.5190	1.5255	1.5315	1.5375	1.5435	1.5495	1.5555	1.5616	1.5677
6	1.4724	1.4790	1.4850	1.4910	1.4970	1.5030	1.5091	1.5151	1.5212
7	1.4281	1.4347	1.4408	1.4468	1.4528	1.4588	1.4648	1.4709	1.4769
8	1.3859	1.3925	1.3986	1.4046	1.4106	1.4166	1.4226	1.4287	1.4347
9	1.3456	1.3523	1.3584	1.3644	1.3704	1.3764	1.3824	1.3884	1.3944
10	1.3072	1.3140	1.3201	1.3261	1.3321	1.3381	1.3440	1.3500	1.3560
11	1.2705	1.2773	1.2835	1.2895	1.2954	1.3014	1.3074	1.3133	1.3193
12	1.2355	1.2423	1.2485	1.2545	1.2604	1.2664	1.2723	1.2783	1.2842
13	1.2020	1.2089	1.2150	1.2210	1.2269	1.2329	1.2388	1.2447	1.2506
14	1.1699	1.1769	1.1830	1.1890	1.1949	1.2008	1.2067	1.2126	1.2185
15	1.1392	1.1462	1.1523	1.1583	1.1642	1.1701	1.1760	1.1818	1.1877
16	1.1099	1.1168	1.1229	1.1289	1.1348	1.1407	1.1465	1.1524	1.1582
17	1.0817	1.0887	1.0948	1.1007	1.1066	1.1124	1.1183	1.1241	1.1299
18	1.0546	1.0617	1.0678	1.0737	1.0795	1.0854	1.0912	1.0970	1.1027
19	1.0287	1.0358	1.0418	1.0477	1.0536	1.0594	1.0651	1.0709	1.0767
20	1.0038	1.0109	1.0169	1.0228	1.0286	1.0344	1.0401	1.0459	1.0516
21	0.9799	0.9869	0.9930	0.9988	1.0046	1.0104	1.0161	1.0218	1.0275
22	0.9569	0.9639	0.9700	0.9758	0.9816	0.9873	0.9930	0.9987	1.0044
23	0.9347	0.9418	0.9478	0.9536	0.9594	0.9651	0.9708	0.9764	0.9821
24	0.9134	0.9205	0.9265	0.9323	0.9380	0.9437	0.9494	0.9550	0.9606
25	0.8929	0.9000	0.9060	0.9118	0.9175	0.9231	0.9287	0.9343	0.9399
26	0.8732	0.8803	0.8862	0.8920	0.8976	0.9033	0.9089	0.9144	0.9200
27	0.8541	0.8612	0.8671	0.8729	0.8785	0.8841	0.8897	0.8952	0.9008
28	0.8358	0.8428	0.8488	0.8545	0.8601	0.8657	0.8712	0.8767	0.8822
29	0.8180	0.8251	0.8310	0.8367	0.8423	0.8479	0.8534	0.8589	0.8643
30	0.8009	0.8080	0.8139	0.8196	0.8251	0.8307	0.8361	0.8416	0.8470
31	0.7844	0.7915	0.7974	0.8030	0.8086	0.8140	0.8195	0.8249	0.8304
32	0.7685	0.7755	0.7814	0.7870	0.7925	0.7980	0.8034	0.8088	0.8142
33	0.7531	0.7601	0.7659	0.7715	0.7770	0.7825	0.7879	0.7933	0.7986
34	0.7382	0.7452	0.7510	0.7566	0.7620	0.7675	0.7728	0.7782	0.7835
35	0.7237	0.7308	0.7365	0.7421	0.7475	0.7529	0.7583	0.7636	0.7689
36	0.7098	0.7168	0.7226	0.7281	0.7335	0.7389	0.7442	0.7495	0.7548
37	0.6963	0.7033	0.7090	0.7145	0.7199	0.7253	0.7306	0.7358	0.7411
38	0.6832	0.6902	0.6959	0.7014	0.7068	0.7121	0.7173	0.7226	0.7278
39	0.6705	0.6775	0.6832	0.6887	0.6940	0.6993	0.7045	0.7098	0.7149
40	0.6583	0.6652	0.6709	0.6763	0.6816	0.6869	0.6921	0.6973	0.7025

Table C-6. Surface Tension of Water in N/m
(Based on Riley and Skirrow (1975))

Temp (C)	Salinity, parts per thousand (ppt)								
	0	5	10	15	20	25	30	35	40
0	75.64	75.75	75.86	75.97	76.08	76.19	76.30	76.41	76.52
1	75.50	75.61	75.72	75.83	75.94	76.05	76.16	76.27	76.38
2	75.35	75.46	75.57	75.68	75.79	75.90	76.01	76.13	76.24
3	75.21	75.32	75.43	75.54	75.65	75.76	75.87	75.98	76.09
4	75.06	75.17	75.28	75.40	75.51	75.62	75.73	75.84	75.95
5	74.92	75.03	75.14	75.25	75.36	75.47	75.58	75.69	75.80
6	74.78	74.89	75.00	75.11	75.22	75.33	75.44	75.55	75.66
7	74.63	74.74	74.85	74.96	75.07	75.18	75.29	75.41	75.52
8	74.49	74.60	74.71	74.82	74.93	75.04	75.15	75.26	75.37
9	74.34	74.45	74.56	74.68	74.79	74.90	75.01	75.12	75.23
10	74.20	74.31	74.42	74.53	74.64	74.75	74.86	74.97	75.08
11	74.06	74.17	74.28	74.39	74.50	74.61	74.72	74.83	74.94
12	73.91	74.02	74.13	74.24	74.35	74.46	74.57	74.69	74.80
13	73.77	73.88	73.99	74.10	74.21	74.32	74.43	74.54	74.65
14	73.62	73.73	73.85	73.96	74.07	74.18	74.29	74.40	74.51
15	73.48	73.59	73.70	73.81	73.92	74.03	74.14	74.25	74.36
16	73.34	73.45	73.56	73.67	73.78	73.89	74.00	74.11	74.22
17	73.19	73.30	73.41	73.52	73.63	73.74	73.85	73.97	74.08
18	73.05	73.16	73.27	73.38	73.49	73.60	73.71	73.82	73.93
19	72.90	73.01	73.13	73.24	73.35	73.46	73.57	73.68	73.79
20	72.76	72.87	72.98	73.09	73.20	73.31	73.42	73.53	73.64
21	72.62	72.73	72.84	72.95	73.06	73.17	73.28	73.39	73.50
22	72.47	72.58	72.69	72.80	72.91	73.02	73.14	73.25	73.36
23	72.33	72.44	72.55	72.66	72.77	72.88	72.99	73.10	73.21
24	72.18	72.29	72.40	72.52	72.63	72.74	72.85	72.96	73.07
25	72.04	72.15	72.26	72.37	72.48	72.59	72.70	72.81	72.92
26	71.90	72.01	72.12	72.23	72.34	72.45	72.56	72.67	72.78
27	71.75	71.86	71.97	72.08	72.19	72.30	72.41	72.53	72.64
28	71.61	71.72	71.83	71.94	72.05	72.16	72.27	72.38	72.49
29	71.46	71.57	71.68	71.80	71.91	72.02	72.13	72.24	72.35
30	71.32	71.43	71.54	71.65	71.76	71.87	71.98	72.09	72.20
31	71.18	71.29	71.40	71.51	71.62	71.73	71.84	71.95	72.06
32	71.03	71.14	71.25	71.36	71.47	71.58	71.69	71.81	71.92
33	70.89	71.00	71.11	71.22	71.33	71.44	71.55	71.66	71.77
34	70.74	70.85	70.97	71.08	71.19	71.30	71.41	71.52	71.63
35	70.60	70.71	70.82	70.93	71.04	71.15	71.26	71.37	71.48
36	70.46	70.57	70.68	70.79	70.90	71.01	71.12	71.23	71.34
37	70.31	70.42	70.53	70.64	70.75	70.86	70.97	71.09	71.20
38	70.17	70.28	70.39	70.50	70.61	70.72	70.83	70.94	71.05
39	70.02	70.13	70.24	70.36	70.47	70.58	70.69	70.80	70.91
40	69.88	69.99	70.10	70.21	70.32	70.43	70.54	70.65	70.76

Properties of Gases

Parameter	O_2	N_2	Ar	CO_2
Composition of air (%)	20.946	78.084	0.934	0.032
Atomic weights (g/mole)	31.9988	28.0134	39.948	44.0098
Atomic volumes (L/mole)	22.392	22.403	22.390	22.263
K^a	1.42903	1.25043	1.78419	1.97681
A^b	0.5318	0.6078	0.4260	0.3845

[a] mL/L x K = mg/L

[b] partial pressure (mm Hg) = $C_i A_i / \beta_i$, where C_i = concentration in mg/L and β = Bunsen coefficient

UNITS

Unit	Abbreviation
Concentration	
milligrams/liter	mg/L
milliliters/liter	mL/L
parts per million	ppm
parts per thousand	ppt
Length	
millimeter	mm
meter	m
foot	ft
Mass	
kilogram	kg
gram	g
milligram	mg
Weight or Force	
pound	lb
Newton	N
Pressure	
millimeters of mercury	mm Hg
kilopascal	kPa
pounds per square inch	psi
Temperature	
Celsius	C
Fahrenheit	F
Volume	
liter	L
cubic meter	m^3
gallon	gal
Time	
second	s

CONVERSIONS

Parameter	Conversion
Concentration	
	mg/L = (ppm)(ρ)*
Length	
	m = (ft)(0.3048)
Mass	
	g = (lb)(453.59)
	g = (mg)/(1000)
	kg = (g)/(1000)
Pressure	
	mm Hg = (psi)(51.715)
	mm Hg = (kPa)(7.5006)
Temperature	
	C = (F - 32) 5/9
Volume	
	L = (gal)(3.7854)
	L = m^3/1000

* ρ = density in kg/L